Gisela Giehler

Patchwork-Quilting leicht und schnell

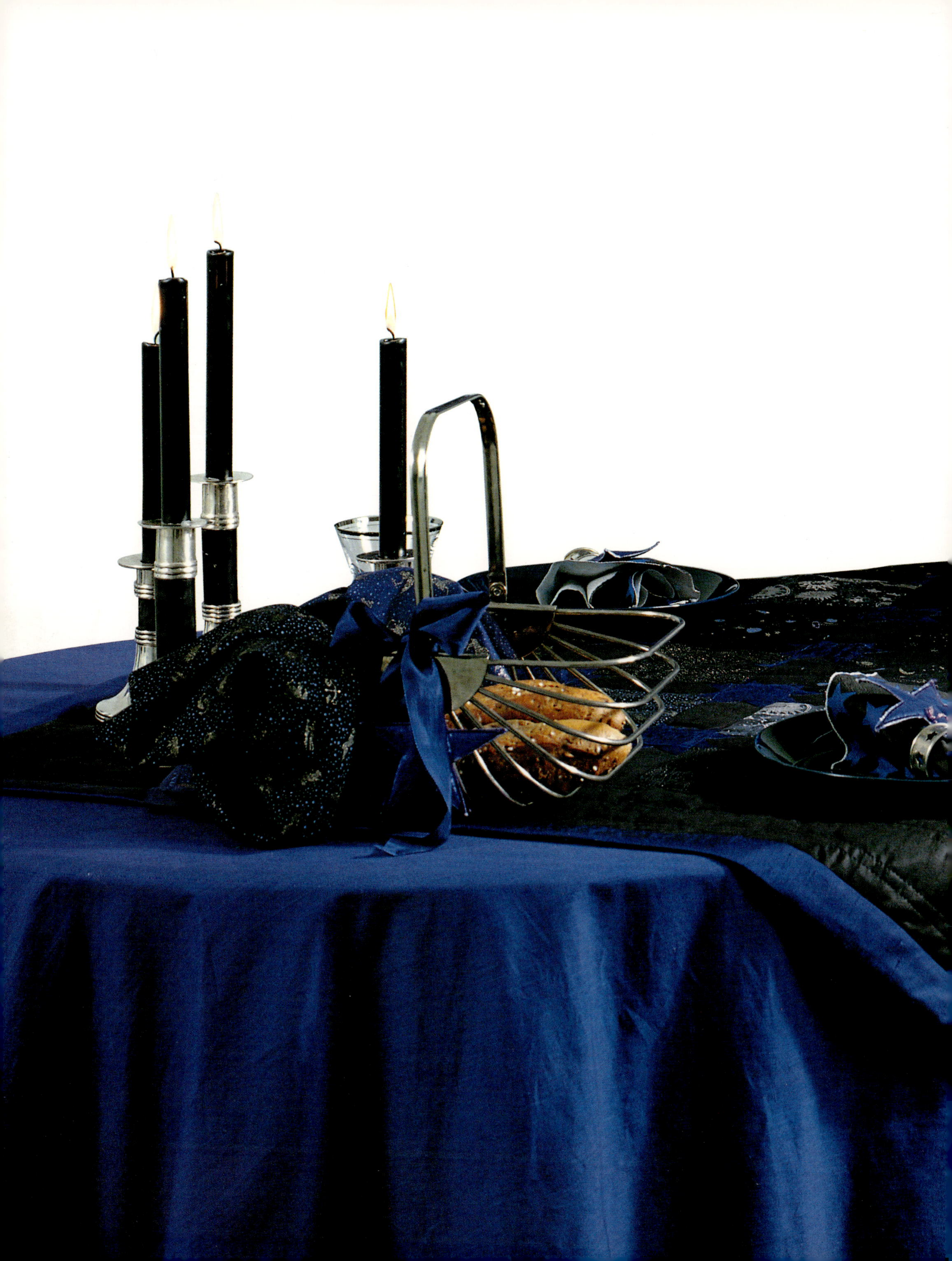

Dörte Bach

Patchwork-Quilting leicht und schnell

Rationell zuschneiden
Moderne Nähtechniken

Augustus Verlag

Inhalt

Vorwort 6
Einführung 8
Geschichte
der Patchworkquilts 10
Patchwork heute 10
Die Grundbegriffe 12
Schneiden
der Patchworkteile 16
Nähtechniken 17
Vlieseinlagen 18
Das Nadeln der drei Lagen:
Heften 19
Maschinenquilten 20
Randeinfassungen 23

Efeuranken 36
Stars and Stripes 39
Kissen aus Resten 41
Ein großes Muster:
Blockhaus 42
Hühnerdecke
»Perla und Petunia« 44
Japanischer Yucata-Quilt ... 48
Simons Dinosaurier-Quilt .. 51
Verenas Quilt 52
Paradiesvogel 54
Samosas 55
Nikolausstiefel 60
Tannenbaum 62
Weihnachtsdecke 64
Schlußwort 66
Kontakte
und Bezugsquellen 67
Literaturhinweise 68
Zur Autorin 69

Galerie
der Patchwork-Quilts 25
Klavierdecke 26
Amisher Streifenquilt 28
Terrakotta 31
Sonne, Mond und Sterne .. 34

Vorwort

Wenn Sie ein beliebiges Wohnmagazin aufschlagen, dann entdecken Sie sicher irgendwo einen wunderschönen antiken Quilt, der dekorativ über einem Sofa liegt.
Dann wünschen Sie sich vielleicht, selbst ein solches Schmuckstück zu besitzen oder gar nachzuarbeiten.
Falls Sie keine Großmutter mit viel Zeit haben, bei der Sie es in Auftrag geben können, dann haben Sie jetzt die Möglichkeit, Patchwork auf moderne Weise zu lernen! Auch vielbeschäftigte Frauen gestalten mit neuen, arbeitserleichternden und zeitsparenden Techniken kleine Kunstwerke in Patchwork.
Die Idee vom zeitgemäßen Patchen und Quilten hat mich bewogen, dieses Buch zu schreiben.
Es hat mir eine Menge Freude gemacht! Viele hilfreiche Menschen waren daran direkt beteiligt:
mein Mann, meine Kinder Verena und Christopher, die immer Verständnis für meine Arbeitswut beim Nähen, Zeichnen und Schreiben zeigten;
die Freunde, die wegen der Arbeit an diesem Buch wenig Kontakt mit mir hatten; die Fachleute für Computer und Grafiken, wie Angela Lister, Guido Böhm, Colin Elze und Dr. Michael Gassmann; Mariele Frühn und Ute Rueff, die fleißig viele Meter Nähte auf der Maschine zurücklegten, und meine kanadische Freundin Jenny McDermid, die wie ich vom Quiltfieber gepackt ist und ganz viele Ideen und Inspirationen mit mir teilt.

Allen ein herzliches Dankeschön!

Der Spaß am Quilten soll mich auch noch lange mit denen verbinden, die in meine Workshops und Seminare kommen!

Einführung

Stoffe gehören zu unserem täglichen Leben: Wir tragen sie am Körper, wir dekorieren damit unsere Wohnung, unser Haus. Aus Stoffen werden Quilts gearbeitet. Arbeiten mit Stoffen bedeutet Arbeiten mit Farben. Und ohne Farben wäre die Welt trist und langweilig.

Was wäre ein Leben ohne spektakuläre Sonnenuntergänge, ohne das Blau der Kornblumen und das Rot des Mohns am Rande eines Weizenfeldes?
Farben besitzen Kräfte, die uns beeinflussen, die auf unsere Stimmungen und Gefühle wirken. Sie sprechen eine internationale Sprache, die keine Grenzen kennt: Alle Quilterinnen und Quilter der Welt lieben die Faszination, mit Farben, mit Stoffen umzugehen, um daraus einen Quilt zu machen. Quilts liegen längst nicht mehr nur auf dem Bett, die ursprünglich praktische Funktion des Quilts – einer wärmenden Bettdecke – wird erweitert:
Die Zudecke wird zur dekorativen Tagesdecke auf dem Bett. Das Sofa vor dem Kamin schmückt eine wärmende Kniedecke. Der Filius träumt unter seiner „Stars and Stripes“-Decke vom letzten Baseballspiel. Die Tochter deckt mit ihrem Quilt die Freundin zu, die über Nacht bleibt. Die Bettdecken im Schlafzimmer werden im Sommer von zwei leichten, waschbaren Sommerquilts abgelöst. Das Bett im Gästezimmer wird mit einer „Irish Chain“-Decke aus Resten abgedeckt. Die ersten Sonnenstrahlen lassen sich mit dem Gartenquilt auf dem Liegestuhl besonders genießen, und der Tisch im Garten lädt mit einem Quilt zu einer gemütlichen Kaffeetafel ein.
Das Kleinkind krabbelt auf einem farbenprächtigen Babyquilt. Am Fahrrad hängt mit zwei Lederriemen zusammengerollt ein Picknickquilt. Den Ostertisch dekoriert die „Perla und Petunia“-Hühnerdecke. Festlich geschmückt mit Gold und Sternen erstrahlt der Weihnachtstisch mit einem Weihnachtsquilt.

Quilts können wärmen, zudecken und auch dekorieren. Sie sind etwas Persönliches; sie sind mit Liebe gemacht, geben Wärme und Geborgenheit, erzählen Geschichten, wecken Assoziationen oder sind ganz einfach nur schön.
Die Funktion der Quilts bestimmt die Stoffauswahl. Extra gekaufte Stoffmeter oder Reste aus dem Flickenkorb, besondere Schnäppchenkäufe, Stoffkollektionsmuster oder persönlich getragene Kleidung – vielleicht mit Erinnerungswert – bieten eine Fülle an Material.
Auf den ersten Blick erscheint ein Quilt in der Herstellung zeitaufwendig und kompliziert. Aber keine Angst: Mit rationellen und effektiven Schneide- und Nähtechniken können heute auch vielbeschäftigte Menschen mit wenig Freizeit sich diesem faszinierenden Hobby widmen: Ein neues „Sehen“ und Zerlegen der Formen eines Patchworkblocks oder -musters führen weg von dem Schneiden und Nähen einzelner Stoffteilchen. Aus der traditionellen Handarbeit hat sich eine zeitsparende, arbeitserleichternde Fortsetzung entwickelt. Mit besonderen Werkzeugen werden Streifen geschnitten, genäht und wieder geschnitten und genäht. Für den Einstieg reicht es völlig aus, mit der Nähmaschine umgehen zu können und handwerklich ein wenig geschickt zu sein.
Sind Sie nun inspiriert, auch einen Quilt zu nähen?
Zeitgemäße, rationelle Techniken helfen Ihnen dabei!

Geschichte der Patchworkquilts

Die textilen Techniken Patchwork und Quilting finden sich in fast allen Kulturen der Welt. Beide Techniken sind heute eng miteinander verbunden, haben sich jedoch historisch unabhängig voneinander entwickelt.
Quilttechniken sind im Orient Jahrtausende zurückzuverfolgen. Quilt- oder Steppstiche hatten eine praktische Funktion, sie dienten der Verstärkung und Befestigung sowie dem Verbinden von mehreren Textilschichten. Oberseite, Einlage und Rückseite wurden mit Steppstichen verbunden. Gequiltet wurde aber auch zur Verzierung und Dekoration.
Ein Dokument für die Quilttechnik in Deutschland ist das aus dem 13. Jahrhundert stammende Bußkleid der heiligen Elisabeth. (s. Almuth Schröder in Textilarbeit und Unterricht, Heft 1, Februar 1987, S. 43 und 44), das im verschlossenen Schrein in einem Kloster in Trier aufbewahrt wird.
Patchwork ist eine Flickenarbeit: Viele kleine Stoffstücke werden aneinandergefügt. Meistens wurden gebrauchte Textilien, Flicken und Reste verwertet.
Patchworkarbeiten begegnet man sowohl in Europa als auch in Asien und Afrika. Verwendung fand Patchwork in Decken, Zelten, Kleidung, Taschen, Kissen und Wandbehängen (s. Schnuppe von Gwinner: Die Geschichte der Patchworkquilts).
Die Tradition der Patchworkquilts ist besonders bekannt durch die nordamerikanischen Siedlerfrauen des 19. Jahrhunderts, die aus purer Not Stoffreste zu wärmenden Decken verarbeiteten. Quilts waren ihre Bettdecken.
In den vielfältigen Formen und Mustern spiegelten sich gesellschaftliche, historische und soziale Bedingungen dieser Zeit wider. Namen wie „Martha Washington", „Road to California", „Mexican Star", „Next-Door-Neighbor" seien als Beispiele genannt. Mütter gaben die Muster an ihre Töchter weiter. Die Quilts gehörten zur Aussteuer eines Mädchens; die Braut fertigte zwölf Quilts, den dreizehnten nähten die Freundinnen für die Aussteuer.
Quilting (to quilt: steppen) war notwendig, damit sich die drei Lagen der Decken (Oberseite/Füllung/Rückseite) beim Gebrauch und Waschen nicht gegeneinander verschoben. Aus dem praktischen Nutzen des Quiltens entwickelten sich dekorative Muster.
So wie sich in manchen Gegenden Deutschlands die Frauen zum Spinnen trafen, wurde in den „Quilting Bees" gemeinschaftlich – oft an einem einzigen großen Rahmen – gequiltet. Diese Quiltgruppen hatten eine wichtige soziale Funktion. Bei diesen Treffen wurden Informationen ausgetauscht und neue Muster weitergegeben.
Sehr bekannt sind die Quilts der Amish-Sekte. Vor 200 Jahren mußten die Anhänger dieser Glaubensgemeinschaft aus Angst vor Verfolgung Deutschland und die Schweiz verlassen und wanderten in die Vereinigten Staaten und nach Kanada aus. Noch heute lehnen die Amish People jeden technischen Fortschritt ab und leben wie vor 200 Jahren.
Die amischen Quilts sind einfach in Form und Farbe: Oft werden nur drei Grundformen – Quadrat, Rechteck und Dreieck – in wenigen Farben zusammengesetzt, doch ergeben sich daraus ganz überraschende Effekte. Die klaren Muster entsprechen moderner Kunstauffassung. Amishquilts werden heute als begehrte Kunstobjekte gehandelt.

Patchwork heute

Insbesondere die amerikanischen Siedlerfrauen haben die Patchworkquilt-Tradition begründet. In den siebziger Jahren erlebte Patchwork und Quilten eine Renaissance in den USA. Anfänglich wurden die Muster, Formen und Farben der traditionellen Quilts nachgearbeitet. Heute bieten Fachgeschäfte alle Materialien, Bücher, Zeitschriften an. Außerdem widmen sich Quiltgruppen, Workshops und Ausstellungen dem Thema Patchwork-Quilting.
Auch in Europa sind die textilen Techniken zu einem populären Hobby geworden. Die Muster werden nachgearbeitet, verändert oder neu gestaltet. Der individuellen Kreativität in der freien Wahl der Materialien, Farben, Formen und Herstellungstechniken sind heute keine Grenzen gesetzt. Waren Patchworkdecken einst einfache, ja geradezu ärmliche Flickendecken, so hat sich das Patchwork-Quilting heute zu einer eigenständigen künstlerischen Form entwickelt. Als textile Bilder hängen die Quilts jetzt auch an der Wand, gestaltet in vielfältigen Materialien, Formen, Strukturen und Farben.

Aus dem Jahr 1880 stammt dieser Patchwork-Quilt in Rot und Weiß, dessen Muster recht modern anmutet.

Die Grundbegriffe

Ein Patchworkquilt besteht aus drei Lagen: aus einer **Oberseite** – einer Patchworkarbeit, aus einem Futter oder **Vlies** aus Wolle, Baumwolle oder Polyester und aus dem Unterstoff, der **Rückseite**. Durch Quiltstiche werden die Lagen miteinander verbunden.

Stoffe und Farben

Für die Patchworkarbeit der Oberseite (der Schauseite) sind Stoffe aus 100 % Baumwolle am besten geeignet. Leichtgewichtige und eng gewebte Baumwollstoffe werden in den verschiedenen Breiten angeboten: Spezielle amerikanische Patchworkstoffe liegen 114 cm breit, Trachtenstoffe nur 90 cm und Stoffe aus dem Wäsche- und Dekorationsbereich 140 bis 160 cm. Exakte Maßangaben in den Materiallisten sind deshalb schwierig. Bei den in diesem Buch vorgestellten Modellen reicht normalerweise eine Stoffbreite von 114 cm. Wenn der gewählte Stoff weniger breit liegt, brauchen Sie entsprechend mehr. Für Gebrauchsquilts sollten die Stoffe vorgewaschen sein, um späteres Einlaufen der Stoffe und Auslaufen der Farbe zu verhindern.

Eventuelle Glanzeffekte und der Gebrauch von ungewaschenen Stoffen sind nur für die Quilts zu empfehlen, die an der Wand als Dekoration hängen.

Die Farbwahl ist eine rein persönliche Entscheidung, für viele Quilterinnen und Quilter die schwierigste. Beispiele von Farben in der Natur (z.B. Foto), von Mode- und Werbeaufnahmen aus Zeitschriften, die Farben der Wohnungseinrichtung, ein ausgewählter Stoffdruck bieten Inspirationen zur eigenen Farbwahl.

Eine Grundregel bei der Auswahl ist die Beachtung der drei Farbwerte Hell–Mittel–Dunkel. Die Ergänzung durch eine Kontrastfarbe gibt dem Quilt einen besonderen Akzent, z.B. in einem Block, einem Randstreifen oder einer Randeinfassung.

Die drei Farbwerte können in einer Farbe (Monochromie) bestimmt werden. Bei der Wahl von zwei Farben (Zweiklänge der verschiedenen Komplementärfarben) oder drei Farben (Dreiklänge) oder auch vier Farben (Vierklänge) lassen sich harmonische Farbkombinationen zusammenstellen (s. Johannes Itten: „Die Kunst der Farbe“ und „Der Farbstern“).

Maler, Künstler, Werbefachleute, Designer sowie Fotografen bedienen sich der Kombinationsmöglichkeiten des Farbsterns und bieten somit Quellen für die Farbwahl.

Schwelgen Sie in Stoffen und Farben! Es müssen nicht unbedingt originale Patchworkstoffe sein. Auch Dekorationsstoffe oder billige Reste eignen sich für effektvolle Quilts.

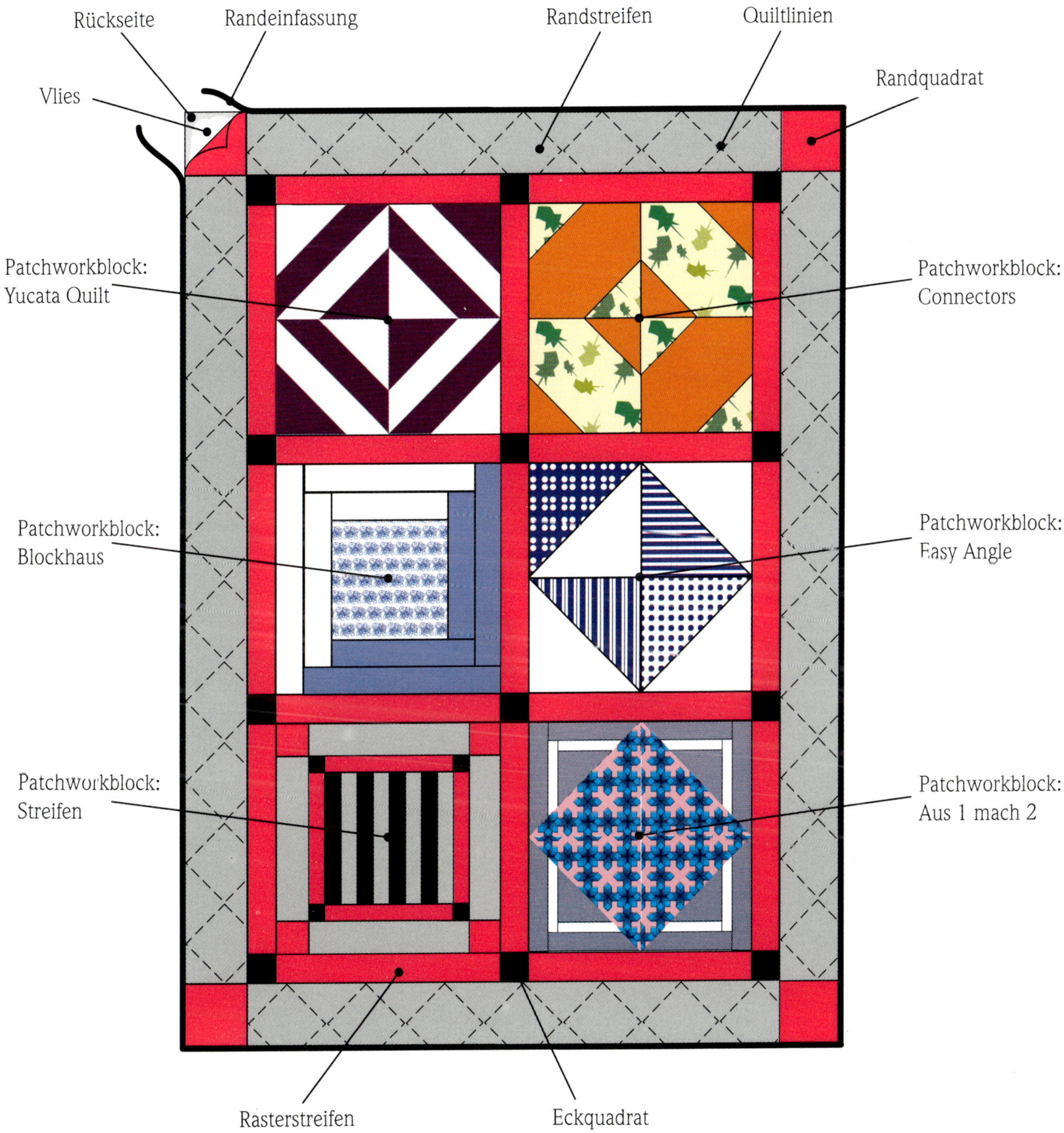
Rückseite
Randeinfassung
Randstreifen
Quiltlinien
Randquadrat
Vlies
Patchworkblock: Yucata Quilt
Patchworkblock: Connectors
Patchworkblock: Blockhaus
Patchworkblock: Easy Angle
Patchworkblock: Streifen
Patchworkblock: Aus 1 mach 2
Rasterstreifen
Eckquadrat

Zeitgemäßes Werkzeug

Schneidematte
Rollschneider
Schneidelineale
(Zentimeter- und Inch-Einteilung)
Schneidequadrat
Schere
Stecknadeln
Baumwollstoffe
Baumwollgarne
Markierungsstifte
Markierungsrädchen
Maßband
Kreppband

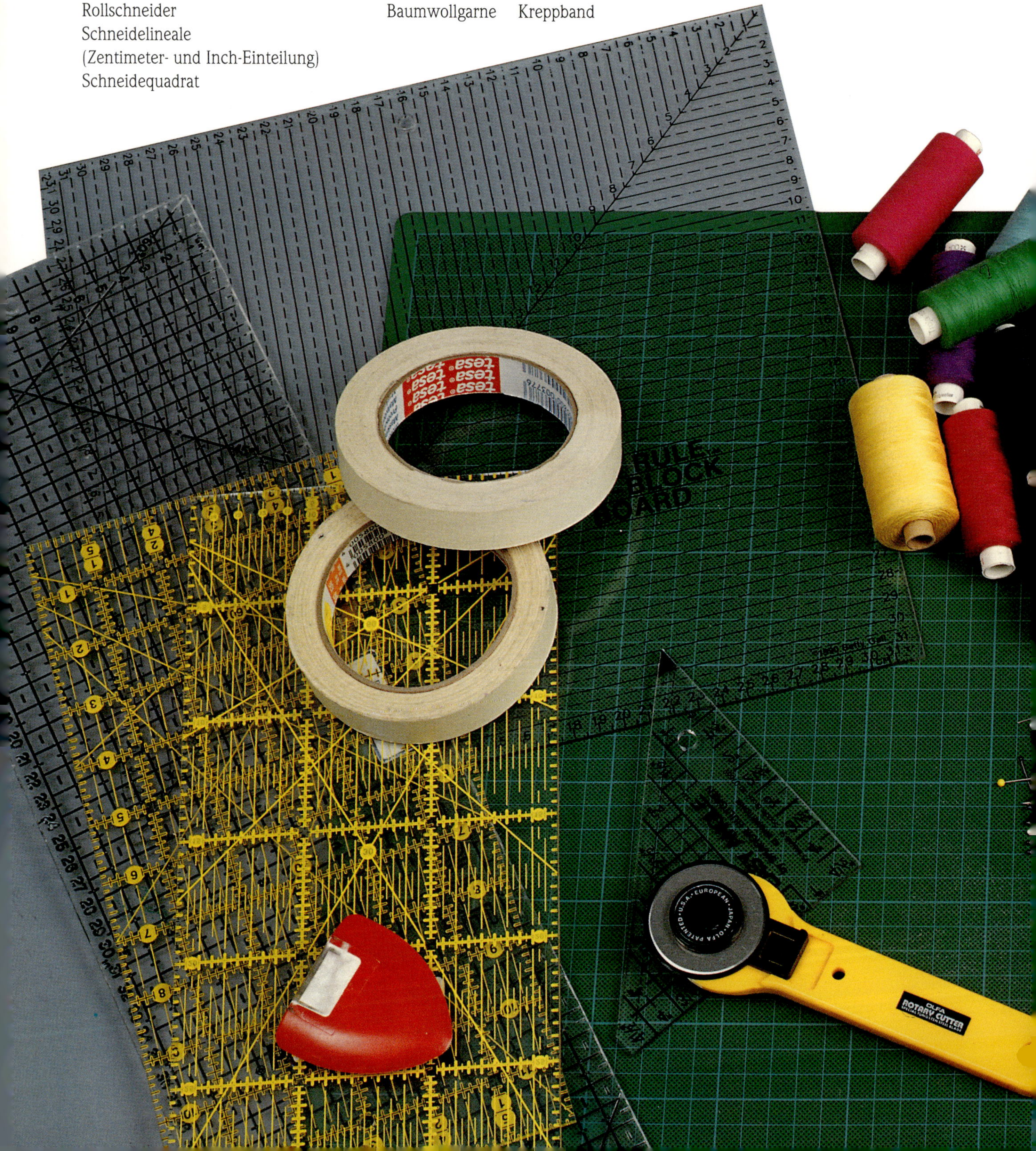

Schneiden der Patchworkteile

Die Beispiele dieses Buches entstehen aus Stoffstreifen. Der Stoff wird zweimal gefaltet, die Webkanten und der mittlere Faltenstoffbruch liegen exakt aufeinander. Der gefaltete Stoff wird an einer Rasterlinie auf der Schneidematte im 90°-Winkel angelegt und mit dem Rollschneider (vom Körper weg geführt) geschnitten. Der erste Schnitt dient der Begradigung der unregelmäßigen Stoffenden, der zweite Schnitt erfolgt nach genauer Maßangabe.

Die Angaben der Streifenbreiten beziehen sich immer auf die zu schneidenden Maße (✂) und nicht auf die fertigen Maße. Das bedeutet, daß alle Angaben die Nahtzugaben enthalten.

Aktuelle Schneidelineale (z.B. *Easy Angle*) sind nur in Inch-Einheiten erhältlich. Die Nahtzugaben sind auch in Inch angegeben.

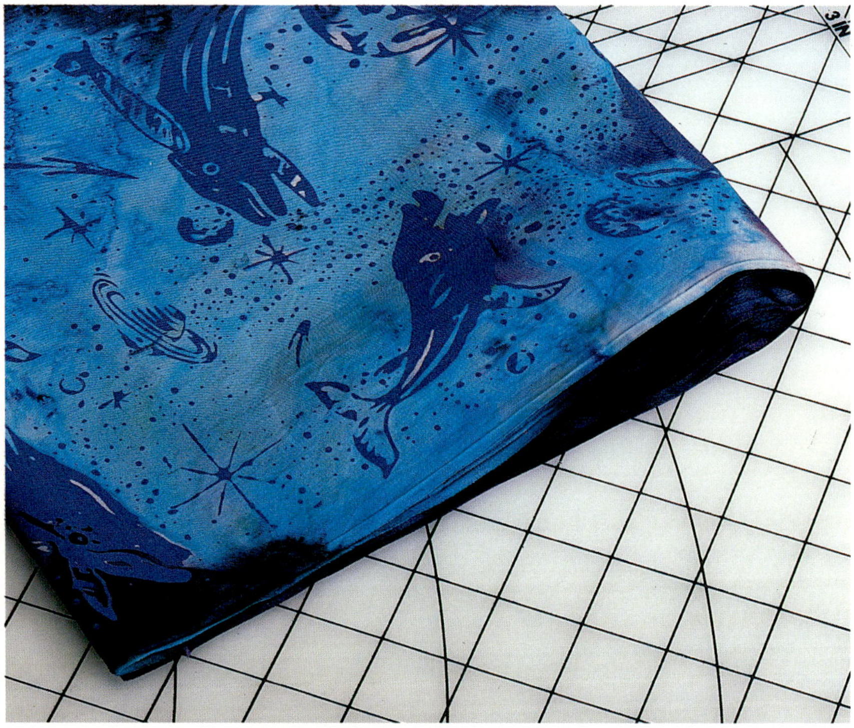

Oben: Falten Sie den Stoff sorgfältig, so daß die Webkante vier- bis achtfach genau übereinander liegt.

Unten links: Legen Sie den Stoffbruch genau an einer waagerechten Linie der Schneideunterlage an, das Lineal an einer senkrechten Linie.

Unten rechts: Wenn die Webkante abgeschnitten ist, können Sie die nächsten Streifen in der gewünschten Breite schneiden.

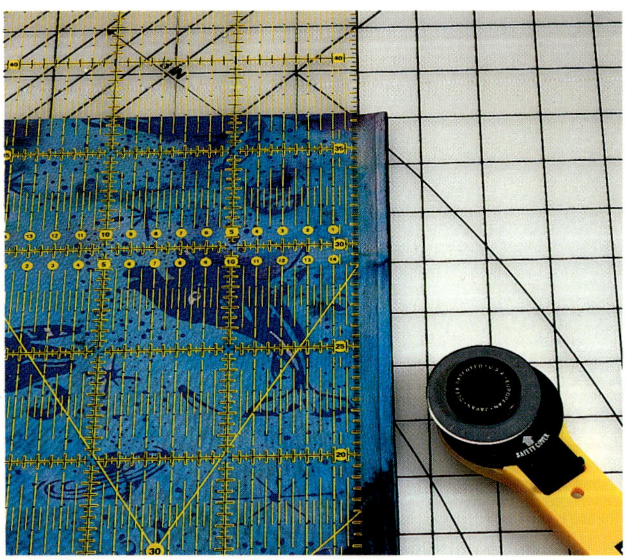

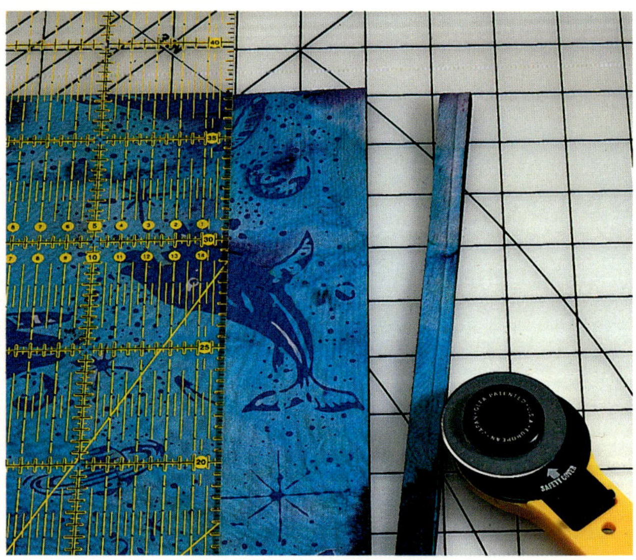

Nähtechniken

Die Patchworkteile werden immer mit der gleichen Nahtzugabe genäht. Die Angaben in Zentimetern enthalten immer **1,5 cm Nahtzugabe**, auf jeder Seite 0,75 cm. Die Kontrolle der Nähfußbreite ist erforderlich. Die exakte Nahtzugabe von 0,75 cm kann mit einem Klebeband oder wasserfesten Markierungsstift auf der Stichplatte der Nähmaschine markiert werden.
Patchworkquilts, die mit **Inch**-Angaben (Symbol: ˝) zugeschnitten werden, sind mit der 1/4-Inch-Nahtzugabe zu nähen. Auch diese Nahtzugabe sollte auf der Stichplatte mit Klebeband gekennzeichnet sein. Einige Nähmaschinenhersteller bieten für diese Nähfußbreite einen speziellen 1/4-Inch-Patchworkfuß an.
Die **Stichlänge** beträgt fünf bis sechs Stiche pro Zentimeter, das entspricht auf der Stichlängenskala der Einstellung 2 bis 2,5. Jede Naht wird durch eine Quernaht befestigt, das Vernähen entfällt somit.

Zum rationellen Nähen gehört auch das **Ketten- oder Fahnennähen**.

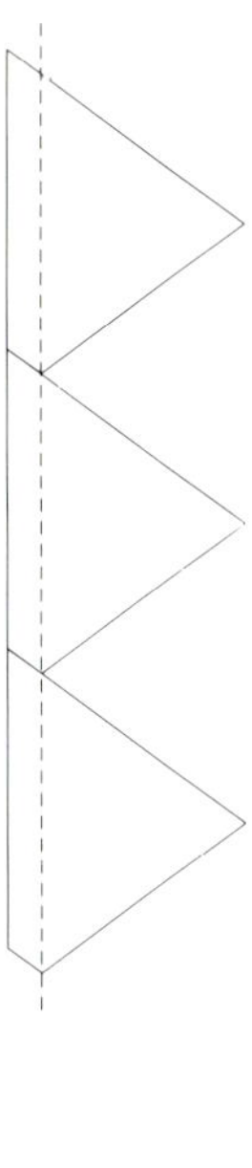

Diese Technik spart Nähgarn und Zeit. Die Patchworkteile werden rechts auf rechts geordnet links von der Nähmaschine arrangiert. Die beiden ersten Patchworkteile werden genäht, das nächste Teil so dicht wie möglich angelegt. Der Nähfuß bleibt unten, der Faden wird nicht abgeschnitten. Der Vorgang wird wiederholt.
Nach dem Nähen aller bereitgelegten Teile zu einer Kette oder Fahne werden sie auseinandergeschnitten und gebügelt.

Stecknadeln werden nur eingesetzt, um Säume genau aufeinandertreffen zu lassen. Die Nadeln werden quer zur Naht gesteckt und bei mehreren Nähten kurz vor dem „Treffpunkt“ (Tip: Stecknadelkopf auf der rechten Seite beim Nähen!) wieder entfernt, um Verschiebungen zu vermeiden.

Die Ketten- oder Fahnennähtechnik spart Zeit und Nähgarn.

Vlieseinlagen

Damit der fertige Quilt nicht nur wärmt, sondern auch ein angenehmes Volumen bekommt, wird eine Einlage zwischen die Ober- und Rückseite gearbeitet. Die Vlieseinlage kann aus Baumwolle, Wolle, Seide, Flanell, Polyester oder einem Baumwolle/Polyester-Gemisch bestehen. Die Vliese werden in verschiedenen Stärken und Gewichten angeboten.

Die Wahl der Vlieseinlage hängt von der Verwendung des Quilts ab. Dünnere Vlieseinlagen geben dem Quilt ein traditionelles Ausehen und sind leichter zu verarbeiten, dickere Vliesstärken bewirken einen wärmenden Bettdeckeneffekt. Steifere Vlieseinlagen sind oft preisgünstig, jedoch bevorzugt für die Verarbeitung in Wandquilts geeignet.

Reine Naturfaserfüllungen sind atmungsaktiver als Polyestereinlagen. Da die Naturfasern beim Waschen einlaufen, sollen sie vor der Verarbeitung gewaschen werden.

Für das Maschinenquilten lassen sich dünne Vlieseinlagen aus Polyester und Baumwolle/Polyester-Gemischen (z.B. *Fairfield Cotton Classic*) leichter verarbeiten, denn sonst besteht die Gefahr, daß sich die einzelnen Lagen beim Nähen verschieben.

Vlieseinlagen sind als Meterware und in Fertigpackungen verschiedener Größen im Fachhandel erhältlich.

Zum Maschinenquilten eignen sich vor allem dünnere Vlieseinlagen aus Baumwolle und Baumwolle/Polyester-Gemisch.

Das Nadeln der drei Lagen: Heften

Nach Fertigstellung der Patchworkoberseite werden die drei Lagen miteinander verbunden. Für das anschließende Maschinenquilten werden rostfreie **Sicherheitsnadeln** zum „Heften" verwendet.
Zuerst wird die gebügelte Rückseite mit Krepp-Klebeband auf einer Tischplatte gespannt. Rückseite und Vlies sollten mindestens 10 cm größer sein als das fertige Quiltoberteil, um eventuelle Verschiebungen beim Maschinenquilten nach außen auszugleichen. Alle 20 cm wird das Kreppband an der Tischkante festgeklebt, beginnend im rechten Winkel an einer Tischecke. Auf die gleiche Ecke wird die Vlieseinlage gelegt, an beiden Tischkanten ausgerichtet und faltenfrei nach außen glatt gestrichen.
Vor dem Auflegen des Quiltoberteils werden eventuelle Quiltmuster daraufgezeichnet. Unter Beachtung der Breite der Randeinfassung wird das Quiltoberteil in entsprechender Abstandbreite von der Tischkante aufgelegt. 150 bis 200 Sicherheitsnadeln benötigt man zum Nadeln eines Einzelbettquilts.
Von der Mitte aus werden die Sicherheitsnadeln in 15 cm Abstand gesteckt. Die Quiltmuster werden dabei freigelassen.
Bei besonderen Mustern oder eingesetzten Streifen in der Rückseite werden die drei Lagen in den Mittellinien mit Stecknadeln gekennzeichnet: das Patchworkteil auf der rechten Seite, die Rückseite auf der linken Seite. Die Markierungen werden aufeinandergelegt und von der Mitte nach außen glattgestrichen.

Maschinenquilten

Wenn die Patchwork-Oberseite fertig ist, müssen Sie entscheiden, wie Sie Ihr Werk quilten wollen.
Lebhafte Patchworkmuster oder kräftig gemusterte Stoffe erfordern wenig auffallende Quiltmuster, oft reicht es, die drei Lagen einfach nur zu befestigen. Ruhige Muster und einfarbige Stoffe bieten Möglichkeiten für aufwendige Quiltmuster.

Nützliches Zubehör

(siehe Foto)
Nähmaschine
Nähmaschinennadeln
Obertransportfuß
Stopffuß oder Quiltfuß
Sicherheitsnadeln (3 cm)
Fahrradklammern
„unsichtbarer“ Nähfaden (Synthetik)
Baumwollgarn
Kreppband
Quiltschablone
Markierungsstifte
Markierungsrädchen
Klemmlampe
Toilettenrolle (als Garnhalter)

Arbeitsplatz

Die Größe des Quilts sollte der Größe des Tisches angepaßt sein, damit der Quilt auf der Tischfläche entlanggeschoben werden kann. Links vom Tisch bietet sich zum Ablegen des Quilts ein Bügeltisch oder Teewagen an. Beide Hände arbeiten wie ein Rahmen beim Quilten und sind nicht frei zum Halten. Ein in der Höhe verstellbarer Bürostuhl ermöglicht jedem die individuelle Sitzhöhe, um die Quiltfläche genau beobachten zu können.
Eine kleine Klemmlampe, angebracht am Griff der Maschine gibt zusätzlich ausreichend Licht.
Wegen der verschiedenen Farben der Patchworkblöcke wird oben der unsichtbare Nähfaden eingefädelt, bei einfarbigen Quilts ein Baumwollfaden. Damit sich der „unsichtbare“ Faden leicht von der Rolle abwickelt und nicht am Fadenspulenstift hängenbleibt, stellen Sie ihn am besten neben der Maschine auf einen separaten Ständer. Als billige und einfache Lösung hat sich bei mir eine Toilettenpapierrolle bewährt. Dann fädeln Sie den Oberfaden ein.
Auf die Spulenkapsel wird Baumwollgarn gespult, das farblich zum Stoff der Rückseite paßt.
Testen Sie auf einem Probestückchen Spannung und Quiltstiche, bevor Sie mit der Arbeit an Ihrem Quilt beginnen. Das erspart Ihnen später manchen Kummer. „Try before you cry!“ sagen die Amerikaner – Ausprobieren statt Weinen!

Möglichkeiten des Maschinenquiltens

Maschinengeführtes Quilten: Transporteur oben!
Gerade Quiltlinien werden maschinengeführt genäht. Nähfuß und Transporteur führen die Arbeit. Ein besonderer Nähfuß (kann, muß aber nicht sein!) ist der **Obertransportfuß**, gleichmäßig werden oben und unten die Stofflagen transportiert. So bilden sich kaum Falten. Auf der Skala wird die Stichlänge 3 bis 4 eingestellt. Vernähen Sie Anfang und Ende mit kleinen Stichen.

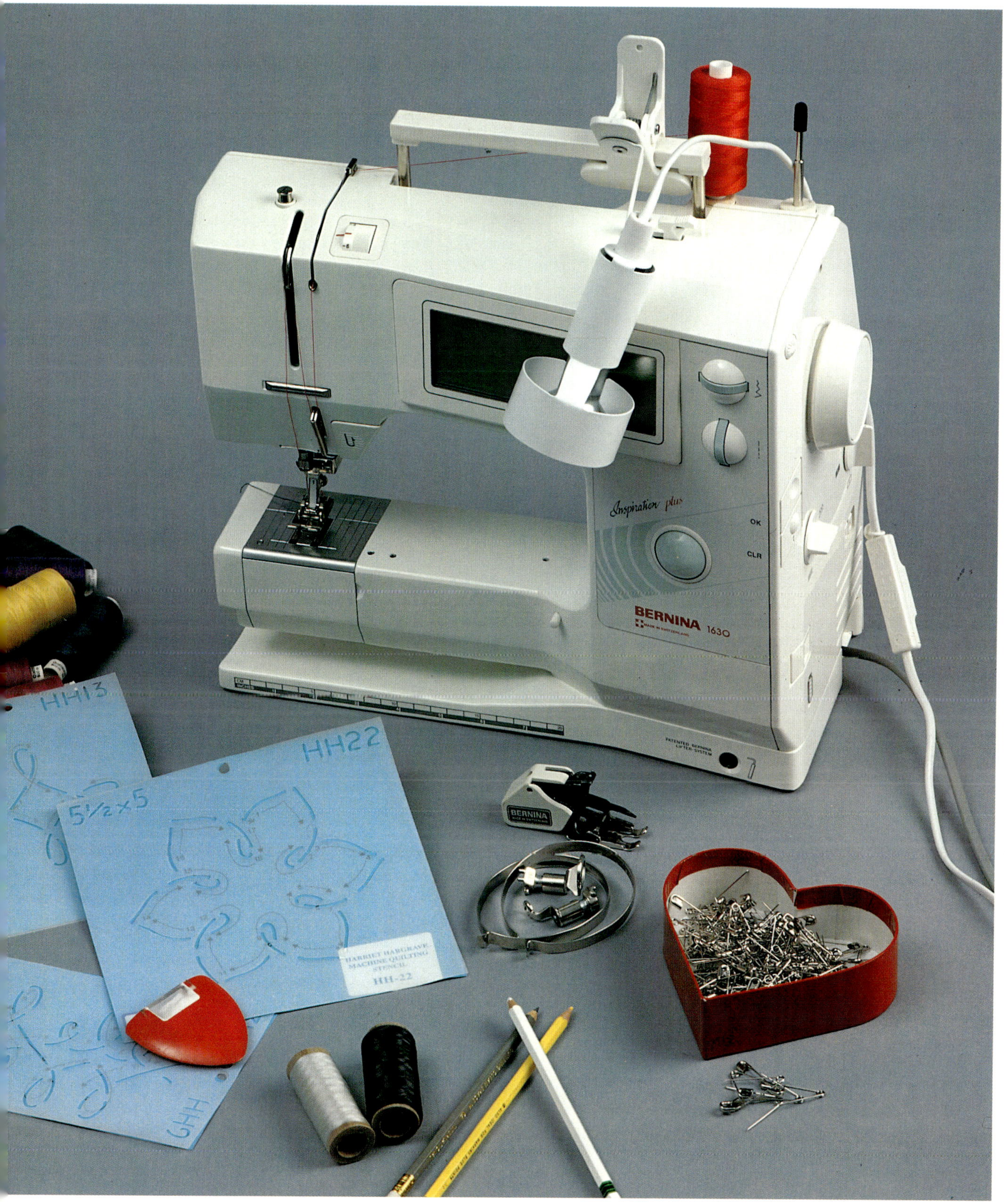
Inspiration plus
OK
CLR
BERNINA 1630
HH13
HH22
5½×5
HARRIET HARGRAVE
MACHINE QUILTING
STENCIL
HH-22
BERNINA

Freies Quilten:
Transporteur versenkt!
Ohne Führung durch den Nähfuß und Transporteur wird der Quilt bei runden, auch schwierigen Mustern über die Maschine geführt. Sie selbst bestimmen die Richtung und die Stichlänge. Als besonderer Nähfuß wird der **Stopffuß** oder **Quiltfuß** eingesetzt.

Die einfachste Form des **maschinengeführten Quiltens** ist das **Quilten in der Naht**, auch **Schattenquilten** genannt. Die Quiltnaht verläuft direkt im Schatten der Naht, also gegenüber der Seite, auf die Sie die Nahtsäume gebügelt haben. Es ist eine sehr einfache, funktionale Form des Maschinenquiltens: Die drei Lagen werden unsichtbar miteinander verbunden und befestigt.
Das **Rasterquilten** verläuft gerade oder diagonal. Wie ein Raster (Gitter) verlaufen die Quiltlinien über den Quilt. Markieren können Sie die Linien mit Stiften, Kreppstreifen oder mit einem Kantenlineal (Sonderzubehör, z.B. zum Obertransportfuß).
Jede Form von **geraden Quiltmustern** (z.B. Zickzacklinien, Mäandermuster) werden maschinengeführt gequiltet.
Beim **Umrißquilten** werden in einen bestimmten Abstand (z.B. Nahfüßchenbreite) bestimmte Patchworkformen betont und hervorgehoben.
Zum **freien Quilten** wird der Transporteur versenkt und der **Stopffuß** eingesetzt. Die Hände arbeiten wie ein Stickrahmen, der Stoff wird Stich für Stich bewegt. Üben Sie diese Technik an einigen Resten, bevor Sie sich an Ihr eigentliches Werk wagen. Wirklich erfolgreich beherrschen Sie das freie Quilten, wenn Sie Ihren Namen in Schreibschrift mit der Nähmaschine schreiben können!
Alle Quiltformen, die in Kurven verlaufen, werden frei gequiltet, die Arbeit wird in Bögen in allen Richtungen verlaufend geführt.
Beim **Echoquilten** wird ein Motiv in Bögen wiederholt (z.B. die Kontur einer Applikation), als ob ein Steinwurf im Wasser Wellen entstehen ließe.
Eine besondere Variation des Echoquiltens ist das freie **Steppen (Stippling)**. Stippling ist auf vielen alten Quilts als Hintergrundquilting zu bewundern. Ohne Vorzeichnen werden nicht kreuzende Kurven mit gleichmäßiger Geschwindigkeit genäht.
Um einen großen Quilt beim Maschinenquilten besser zu handhaben, wird er seitlich zusammengerollt und mit mehreren Fahrradklammern zusammengehalten, nur die zu quiltende Fläche bleibt frei.
Das Maschinenquilten hat gegenüber dem Handquilten einige Vorteile: Es geht erheblich schneller. Die Stiche halten die drei Lagen fester zusammen, pressen die Füllung flacher, somit entsteht oft mehr Oberflächenstruktur.

Der Obertransportfuß verhindert eventuelle Faltenbildung der vielen Stofflagen. Vorher werden die exakte Länge und Breite in der Mitte des Quilts gemessen und mit Stecknadeln auf der Randeinfassung markiert. Für die Ecken werden am Randstreifen 3 cm zugegeben. Die Streifen werden entweder der Reihe nach oder erst an den beiden Breit- oder Längsseiten an den Quilt genäht.
Bevor die **Ecke** genäht wird, werden an der genähten Quiltkante die überstehende Vlieseinlage und der Rückseitenstoff auf die Breite der Randeinfassung zurückgeschnitten.
Die Randeinfassung wird 10 cm vor der Ecke umgeschlagen und mit einer Stecknadel (die Spitze auf die Ecke gerichtet) befestigt.
Der nächste Randstreifen wird 3 cm um die Ecke gelegt und mit einer Stecknadel quer gesteckt befestigt.

Randeinfassungen

Ein einfacher und haltbarer Abschluß eines Quilts sind die **doppelten Randeinfassungen**. Abgestimmt in der Farbe zum Quilt oder als Kontrast wird die Farbe der Randeinfassung ausgewählt. Die zu schneidende Breite der Randstreifen wird nach folgender Formel berechnet:
Breite der zu schneidenden Streifen = (4 x fertige Breite der **E**infassung) + (2 x **N**ahtzugabe)
✂ **B** = (4 x **E**) + (2 x **N**)

Die Stoffstreifen werden an der Breitseiten gerade oder diagonal aneinander genäht. Die Länge wird bestimmt durch Messen aller vier Quiltkanten und Zugabe von 20 cm.
Links auf links wird der lange Stoffstreifen zur Hälfte aufeinanderlegt und der Länge nach gebügelt.
An die noch unregelmäßigen Quiltkanten wird der Streifen mit der offenen Seite nach außen in Nähfußbreite angenäht.

Mit dem Obertransportfuß die umgeschlagene Ecke annähen. Den Vorgang an den weiteren drei Ecken wiederholen.
Mit der Hand wird der Quilt gesäumt. Stecknadeln verwenden Sie dabei nur an den vier Ecken.

Galerie der Patchwork-Quilts

Klavierdecke

(fertige Größe: 130 x 220 cm)

Materialliste

0,50 m blauer Stoff
für Streifen;
0,50 m lila Stoff
für Streifen;
1,50 m grüner Stoff
für Streifen, Randquadrate und Randeinfassung;
2,20 m schwarzer Stoff
für Streifen und Randstreifen

Schneiden

(Alle Maße enthalten 1,5 cm Nahtzugabe; Nähfußbreite kontrollieren)

Die Streifen für den Klavierquilt werden in zwei verschiedenen Breiten zugeschnitten:
Die grünen oder blauen Streifen (insgesamt 7) haben die Schneidemaße von 11,5 cm Breite; die schwarzen Streifen (insgesamt 6) sind 6,5 cm breit zu schneiden.
Im oberen Teil des Quilts sind die Streifen durch einen schmalen Streifen aus sieben schwarzen Quadraten (11,5 cm x 11,5 cm) und 6 blauen oder grünen Rechtecken (11, 5 cm x 6, 5 cm) unterbrochen.
2 lila Streifen 11,5 cm x 111,5 cm;
2 lila Streifen 11,5 cm x 71,5 cm;
3 grüne Streifen 11,5 cm x 111,5 cm;
3 grüne Streifen 11,5 cm x 71,5 cm;
2 blaue Streifen 11,5 cm x 111,5 cm;
2 blaue Streifen 11,5 cm x 71,5 cm;
7 schwarze Quadrate 11,5 cm x 11,5 cm;
2 lila Rechtecke 11,5 cm x 6,5 cm
4 grüne Rechtecke 11,5 cm x 6,5 cm

Auch Paul, der Hund, hätte gerne eine gemütliche Hundedecke!

Randstreifen

2 schwarze Streifen
6,5 cm x 101,5 cm;
2 schwarze Streifen
16,5 cm x 191,5 cm;
4 grüne Randquadrate
16,5 cm x 16,5 cm

Randeinfassung

6 grüne Streifen, 6 cm breit

Nähen

Erst den oberen und unteren Teil des Streifenteils nähen, dann den schmalen Streifen dazwischensetzen.
Das Ansetzen der äußeren, schwarzen Randstreifen und der grünen Randquadrate erfolgt wie auf der Grafik.

Quilten

Im Schatten der Naht die Streifen, am Randstreifen Zickzacklinien quilten.

Amisher Streifenquilt

(fertige Größe 140 x 220 cm)

Streifenquilts sind ein oft gewähltes Muster der Amish. Die amischen Quilts sind einfach, sie sind eine Reflexion der Menschen, die sie herstellen. Seit fast 300 Jahren leben die Amish in spartanischer Isolation ohne Fernsehen, ohne Radio, ohne Telefon und Auto auf dem amerikanischen Kontinent.

Materialliste

(bei 114 cm breiten amerikanischen Patchworkstoffen)
1,80 m schwarzer Stoff
für Streifen, Eckquadrate und Randeinfassung;
2,00 m grauer Stoff
für Streifen und Randstreifen;
1,80 m pinkfarbener Stoff
für Randstreifen und Eckquadrate;
1,50 m x 2,30 m
Stoff für die Rückseite;
1,50 m x 2,30 m Vlieseinlage

Einfach, aber eindrucksvoll: der amisch inspirierte Streifenquilt. Amisches Leben bedeutet glückliches Leben: „Happy hands —happy hearts".

Mein Tip:

Die Streifen werden parallel zur Webekante geschnitten, um bei der Streifenlänge von 160 cm Nähte zu vermeiden; dabei wird der Stoff nur zweimal gefaltet (Schneidematte bitte verschieben!)

Schneiden

(Nahtzugabe von 1,5 cm bereits berücksichtigt;
Nähfußbreite kontrollieren)
4 graue Streifen
11,5 cm x 161,5 cm;
4 schwarze Streifen
11,5 cm x 161,5 cm;
2 pinkfarbene Streifen
11,5 cm x 161,5 cm (Längsstreifen);
2 pinkfarbene Streifen
11,5 cm x 81,5 cm (Querstreifen);
4 schwarze Eckquadrate
11,5 cm x 11,5 cm

Zweimal den Stoff quer falten, um lange Streifen ohne Nähte zu erhalten.
Schneiden der Streifen:
11,5 cm breit parallel zur Webkante
Schneiden der Eckquadrate:
11,5 cm x 11,5 cm

Randstreifen

2 graue Streifen
21,5 cm x 181,5 cm;
2 graue Streifen
21,5 cm x 101,5 cm;
4 schwarze Randquadrate
21,5 cm x 21,5 cm

Randeinfassung

6 schwarze Streifen,
6 cm breit

Nähen

Nähen der Streifen
Streifen ohne Stecknadeln nähfüßchenbreit nähen, nach 20 cm die beiden Stoffstreifen genau aufeinanderlegen.

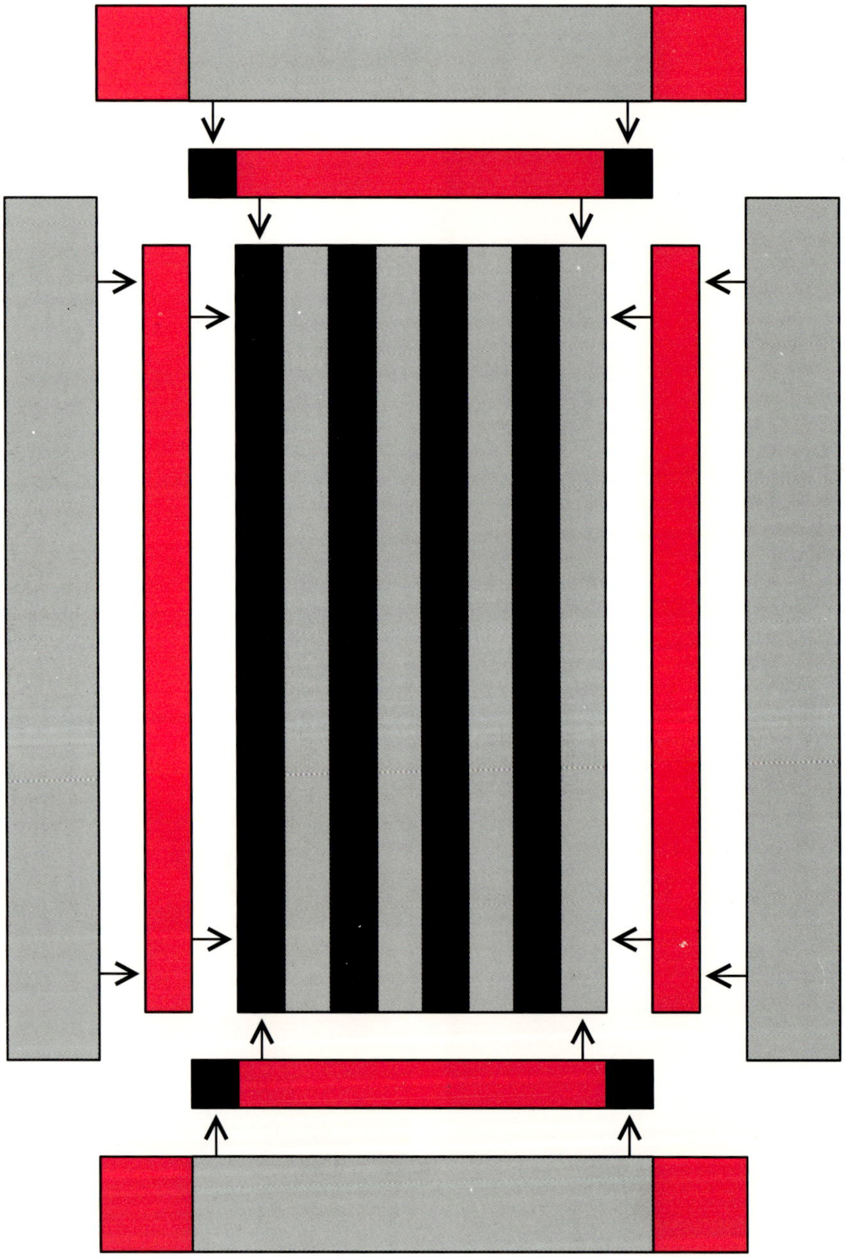

Ansetzen der Randstreifen
An den grau-schwarzen Streifenrapport rechts und links die beiden pinkfarbenen, 161,5 cm langen Streifen nähen. Die schwarzen Eckquadrate (11,5 cm x 11,5 cm) an die kurzen pinkfarbenen Streifen an beiden Enden anfügen und die Streifen oben und unten ansetzen.

Wiederholen mit den 21,5 cm breiten Randstreifen: Nähen Sie zuerst die Seitenstreifen und dann die Querstreifen oben und unten an.

Quilten

Im **Schatten der Naht** die Streifen im Zentrumsblock und die Randstreifen quilten.
Auf den breiten Randstreifen im **Rastermuster** (Gitter) quilten.

Terrakotta

(fertige Größe: 75 cm x 75 cm)

Bekanntlich gehen Patchworker in Kirchen mit „gesenktem Kopf“, um die Fliesenmuster zu bewundern und sie sich für ihren nächsten Quilt einzuprägen. Wie auf einem Fliesenbodenmuster sind die Ecken auf die Stoffquadrate gesetzt!
Die **Connector-Ecken** (Connectors bedeutet „Verbindungsecken“) sind eine Patchworktechnik, die leicht nachzuarbeiten ist.

Terrakotta, „gebrannte Erde“, gab diesem Wandquilt in warmen Tönen den Namen.

Materialliste

0,90 m gemusterter Stoff (Efeustoff);
0,90 m einfarbiger Stoff (zinnoberrot);
0,80 m x 0,80 m Stoff für die Rückseite;
0,80 m x 0,80 m Vlies;
0,15 m Akzentstreifen (grün)

Schneiden

(Alle Maße enthalten 1,5 cm Nahtzugabe)
18 große Quadrate (Efeustoff) 11,5 cm x 11,5 cm;
18 große Quadrate (zinnoberrot) 11,5 cm x 11,5 cm;
36 kleine Quadrate (Efeustoff) 6,5 cm x 6,5 cm;
36 kleine Quadrate (zinnoberrot) 6,5 cm x 6,5 cm;
4 Akzentstreifen 3 cm breit;
4 Randstreifen 9 cm breit;

Randeinfassung

3 Streifen (Efeustoff);
6 cm breit

Nähen

Annähen der Connectorecken:
Auf den Rückseiten der 72 kleinen Quadrate mit einem Markierungsstift die **Diagonale** markieren. Die kleinen Quadrate auf den großen Quadraten diagonal gegenüberliegend mit je einer Stecknadel befestigen und auf der gezeichneten Diagonale nähen (Bild 1): Nähen Sie an den Efeustoff rote Ecken, an den roten Stoff Efeuecken.

Mein Tip:

Die Connectorecken auf die Quadrate stecken und im Kettenverfahren durchgehend nähen (Bild 2)! Das spart Zeit und Nähgarn!

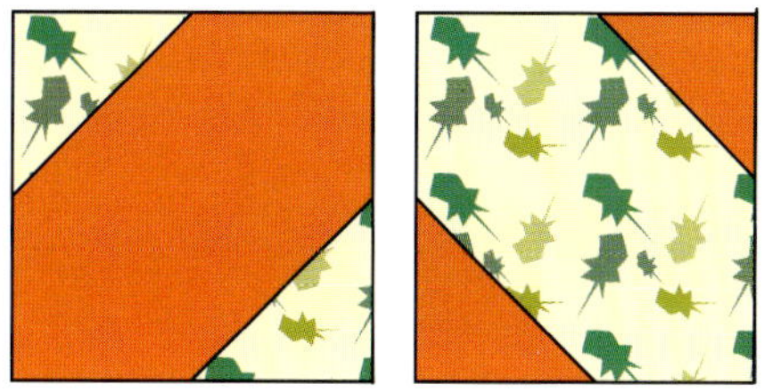

Zusammensetzen des Musters
Setzen Sie die Connectorblöcke zu Paaren zusammen.
4 kleine Blöcke ergeben ein großes **Blockquadrat**,
9 Blockquadrate den gesamten **Quiltblock** aus 36 Connectorblöcken.
Um den Quiltblock wird ein grüner Akzentstreifen genäht, dann werden die Randstreifen (9 cm breit) erst oben und unten, dann rechts und links ergänzt.

Quilten

Im **Schatten der Naht** die im Blockquadrat entstandenen Oktagone und die kleinen auf die Spitze gestellten Zentrumsquadrate quilten.
Am Randstreifen in der Verlängerung der Oktagone **Zickzacklinien** markieren.

Abschneiden der Ecken
Schneiden Sie die Ecken in Nähfußbreite ab, und bügeln Sie die Quadrate nach außen.

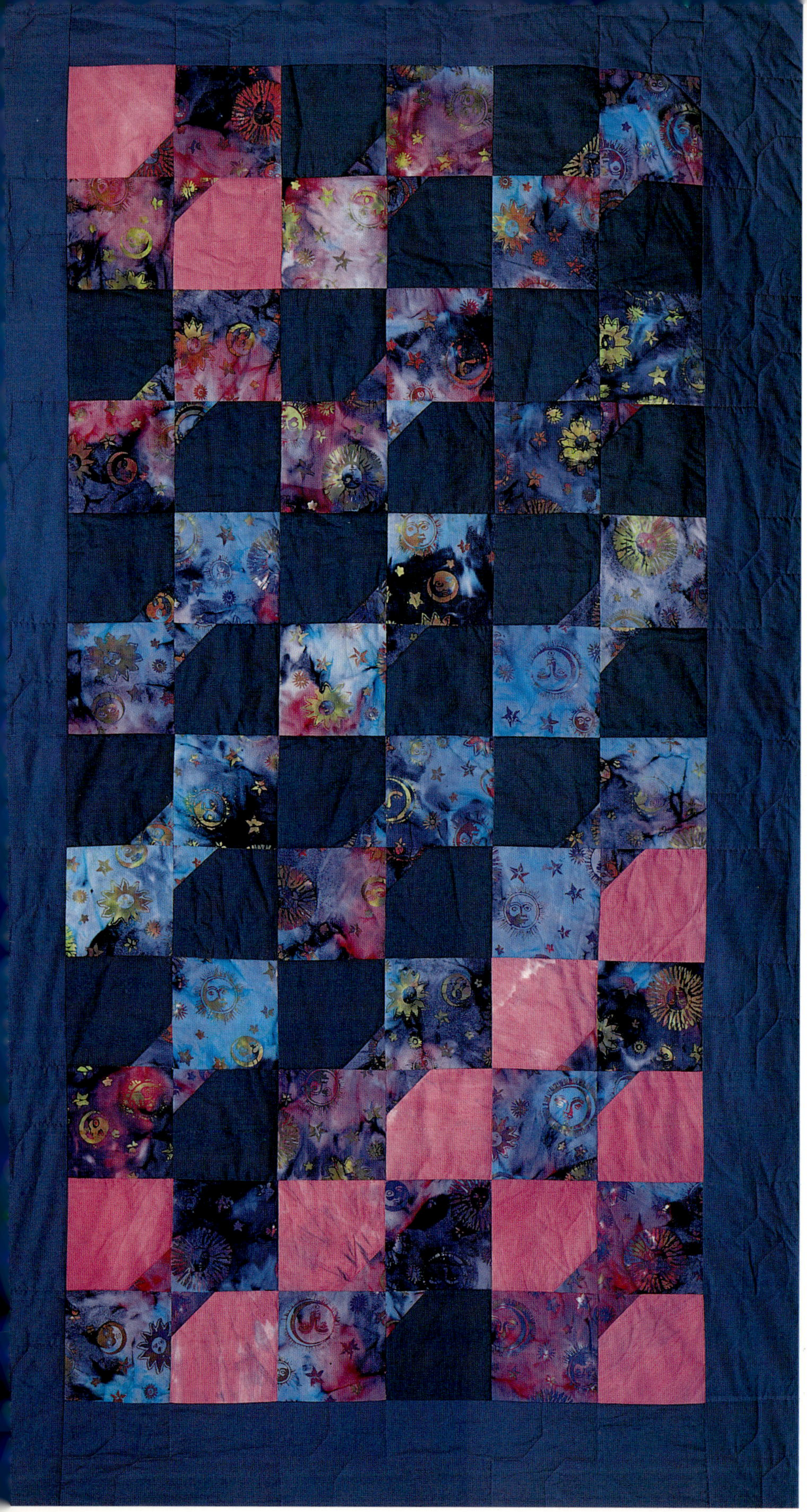

Sonne, Mond und Sterne

(fertige Größe: 120 cm x 210 cm)

Mit der Connector-Technik (siehe „Terrakotta“ und „Efeuranken“) wird großflächig ein Quilt in Einzelbettgröße genäht.

Materialliste

2,00 m Stoff für die „Schleifen“, inkl. Randeinfassung (Batikstoff);
2,30 m Stoff für Hintergrund und Randstreifen (blau);
1,30 x 2,20 m Stoff für die Rückseite;
1,30 m x 2,20 m Vlies

Schneiden

(Alle Maße enthalten 1,5 cm Nahtzugabe)
36 große Quadrate – Batikstoff, 16,5 x 16,5 cm;
36 große Quadrate – blau, 16,5 x 16,5 cm;
36 kleine Quadrate – Batikstoff, 7 cm x 7 cm;
6 Randstreifen – blau, 16,5 cm breit

Randeinfassung

6 Streifen – Batikstoff, 6 cm breit

Sonne, Mond und Sterne zum Zudecken und Träumen . . .

Nähen

Annähen der Connectorecken siehe „Terrakotta“: An die großen blauen Quadrate die kleinen Batikstoffquadrate anfügen. 2 große Batikquadrate und 2 große blaue Quadrate mit Connectorecken ergeben ein Blockquadrat (Schleifen- oder Fliegenmuster). Insgesamt werden 18 Blockquadrate genäht.

Quilten

Die Konturen der Schleifen im Schatten der Naht quilten, am Rand die Schleifen wiederholen (Schablone in Originalgröße aus Pappe schneiden).

Mein Tip:

Da die amerikanischen Stoffe nur 114 cm breit liegen, läßt sich die Rückseite nicht aus einem Stück arbeiten. Wenn Sie in der Mitte einen 20 cm breiten Streifen aus blauem Stoff einsetzen, brauchen Sie nur zweimal die Breite des Quilts an Rückseitenstoff und sparen Material.

Efeuranken

(fertige Größe: 75 cm x 75 cm)

Auf jeden Quiltblock werden jeweils vier Connectorecken genäht (Terrakotta: zwei Ecken!). Die einfache Patchworktechnik der Connectorecken ergibt ein interessantes neues Muster.

Im Gegensatz zum Modell „Terrakotta“ rankt hier an allen Ecken Efeu!

Materialliste

0,90 m gemusterter Stoff (Efeustoff);
0,90 m einfarbiger Stoff (verschiedene Grüntöne);
0,15 m Akzentstreifen (zinnoberrot);
0,80 m x 0,80 m Stoff für die Rückseite;
0,80 m x 0,80 m Vlies

Schneiden

(Alle Maße enthalten 1,5 cm Nahtzugabe)
18 große Quadrate – Efeustoff
11,5 cm x 11,5 cm;
18 große Quadrate – grüner Stoff
11,5 cm x 11,5 cm;
72 kleine Quadrate – Efeustoff
5 cm x 5 cm;
72 kleine Quadrate – grüner Stoff
5 cm x 5 cm;
4 Akzentstreifen
3 cm breit;
4 Randstreifen – grüner Stoff
9 cm breit;
Randeinfassung
3 Streifen – Efeustoff
8 cm breit

Nähen

Auf den 144 kleinen Quadraten die Diagonale markieren und jeweils vier Quadrate mit Efeustoff auf die grünen Quadrate und jeweils vier grüne Quadrate im Kettenverfahren (siehe Terrakotta-Quilt) auf die Efeu-Quadrate nähen.

Zusammensetzen des Musters

18 kleine Blöcke mit 4 Connectorecken (Efeu)

18 kleine Blöcke mit 4 Connectorecken (Grüntöne)

4 kleine Blöcke ergeben ein Blockquadrat

9 Blockquadrate bilden den gesamten Quiltblock

Mein Tip:

Für einen Bettquilt sechs Quiltblöcke nähen und mit einem breiten Randstreifen auf die passende Größe ergänzen.

Quilten

Die Connectorquadrate im **Schatten der Naht** quilten, am breiten Randstreifen freies **Steppen (Stippling)**.

Stars and Stripes

(Kissen: 72,5 cm x 72,5 cm)

Der Filius träumt vom Baseballspiel.

Materialliste

5 verschiedene Stoffe a 0,20 m (z.B. amerikanische Muster);
0,30 m roter Stoff für die Connectorecken;
0,75 m x 0,75 m für die Rückseite;
0,75 m x 0,75 m Vlies;
0,75 m x 0,75 m Stoff für die Kisseninnenseite;
1 Reißverschluß von 0,50 m Länge;
1 Kissenfüllung 0,72 m x 0,72 m

Schneiden

5 x 5 Stoffquadrate
16 cm x 16 cm
30 kleine rote Quadrate
8,75 cm x 8,75 cm
(auf dem *Omnigrid*-Lineal in Zentimetern eingezeichnet)

Nähen

Das Kissen wird mit der Connector-Technik genäht.

Die gequiltete Oberseite besteht aus 3 verschiedenen Blöcken:

4 Eckquadrate (ohne Connectors)

12 Seitenquadrate

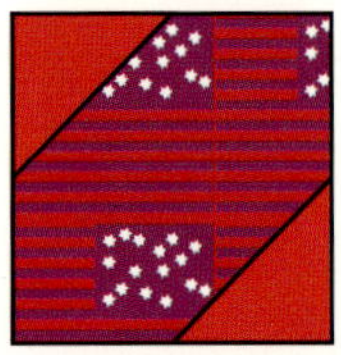

9 Zentrumquadrate

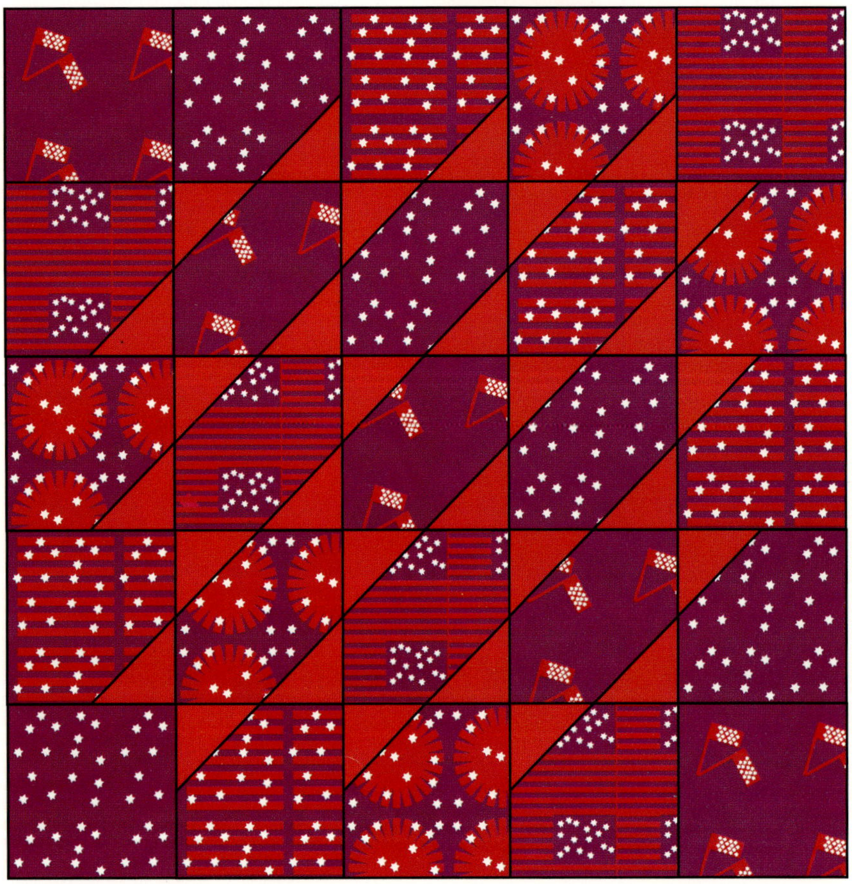

Mein Tip:

Vor dem Abschneiden der Connector-Ecken siehe „Kissen aus Resten“ (Seite 41)

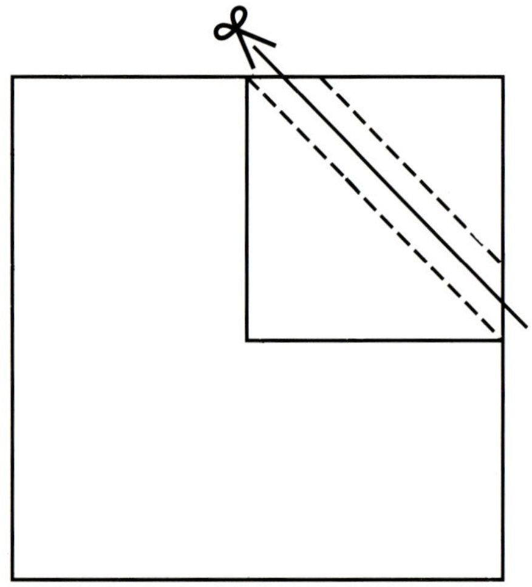

Annähen der Connector-Ecken.

Die verschiedenen Quadrate nach Vorlage legen und nähen.

Das Kissenoberteil mit Vlies und Rückseitenstoff unterlegen.

Quilten

Erst die Quadrate im **Schatten der Naht**, dann die **Konturen** der roten Sterne nähfußbreit quilten.

Fertigstellen des Kissens

Rückseite zuschneiden und mit gequiltetem Vorderteil zusammenfügen, unten den Reißverschluß einsetzen.

Kissen aus Resten

Materialliste

Die abgeschnittenen Connectorecken des „Stars and Stripes"-Kissens.

Schneiden

1,5 cm von der genähten Diagonale entfernt eine **Parallele** zeichnen und auf dieser Linie im Kettenverfahren nähen. Zwischen den beiden Nählinien schneiden, ein fertig genähtes **Quadrat**, unterteilt in zwei Dreiecke, fällt ab.

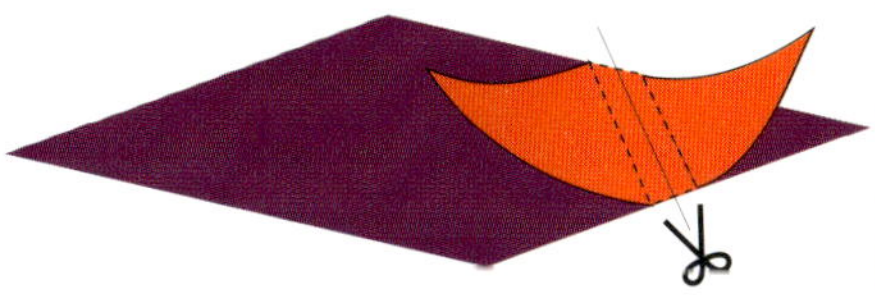

Mit einem **Schneidequadrat** die Quadrate auf eine Größe schneiden.

4 kleine Quadrate zu einem Block zusammensetzen, der sich neunmal wiederholt.
Aus den 36 Quadraten (4 bleiben übrig) ein kleines Kissen nähen, mit oder ohne Reißverschluß fertigstellen, bei Bedarf einen farblich passenden Streifen am Rand ergänzen.

Ein großes Muster: Blockhaus

(fertige Größe: 132 cm x 222 cm; 7 x 4 Quadrate)

Das Blockhaus (Log Cabin) ist eines der ältesten und am häufigsten gewählte Patchworkmuster. Die Blöcke können vielfältig arrangiert werden. Für Anfänger und Fortgeschrittene gibt es interessante Varianten.
Der traditionelle Block wird diagonal in helle und dunkle Farbwerte geteilt, die die Licht- und Schattenseiten des Lebens symbolisieren. Das Zentrumquadrat ist rot oder orange, das Herz des Blocks (Feuer des Hauses), ein Zeichen für Wärme.

Materialliste

1,00 m großflächig bedruckter Stoff für die Zentrumquadrate (z.B. Yukatas);
2,50 m blauer Stoff für Blockhausstreifen und Randstreifen;
2,50 m weißer Stoff für Blockhausstreifen und Randeinfassung;
1,40 m x 2,40 m Stoff für die Rückseite;
1,40 m x 2,40 m Vlies

Das Blockhaus-Muster symbolisiert Wärme und Geborgenheit.

Schneiden

(Nahtzugabe von 1,5 cm enthalten)

28 Zentrumquadrate
17,5 cm x 17,5 cm;
weiße Streifen 5 cm breit;
blaue Streifen 5 cm breit
(bei Bedarf nachschneiden)

Randstreifen

7 blaue Streifen, 7,5 cm breit

Randeinfassung

7 weiße Streifen, 6 cm breit

Mein Tip:

In der Courthouse-Step-Methode werden die gegenüberliegenden Streifen nacheinander genäht.

Nähen

Nähfolge
Streifen an die Zentrumquadrate nähen, Nähfolge wie angegeben.

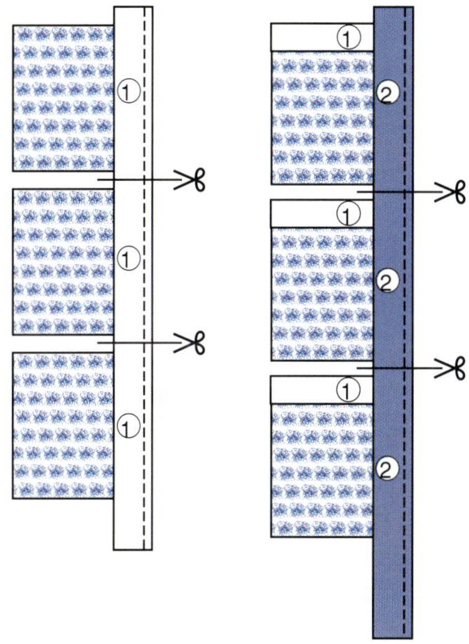

Stoff- und **zeitsparend** im Kettenverfahren zwei Runden um das mittlere Quadrat anfügen. Nähte von innen nach außen bügeln.
Die 28 Blockhausquadrate farblich abgestimmt zusammennähen.

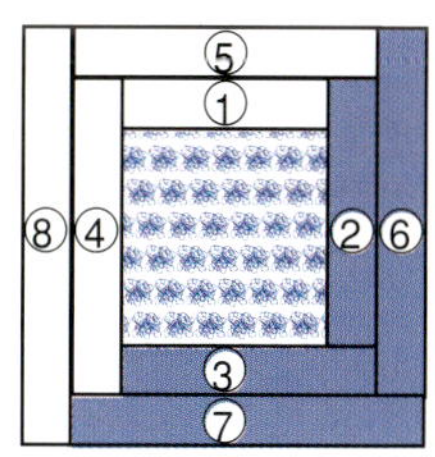

Quilten

Im **Schatten der Naht** die Blockhausquadrate sowie die Zentrumquadrate steppen.

Hühnerdecke „Perla und Petunia“

(fertige Größe: 166 cm x 166 cm; 6 x 6 Quadrate)

Mancher gibt sich viele Müh mit dem lieben Federvieh ...
(Wilhelm Busch)

Ob Dinosaurier oder Rosen, jeder gemusterte, auch großflächig gemusterte Stoff bietet sich für den Patchworkblock aus „Aus 1 mach 2“ an. Die Dinosaurierdecke (S. 51) ist die Kuscheldecke eines Buben. Perla und Petunia gackern auf einer Hühnerdecke für den Ostertisch.

Materialliste

2,00 m gemusterter Stoff („Hühnerstoff“);
3,00 m blauer Stoff für den Zentrumblock und die Randstreifen;
0,50 m weißer Stoff für die Streifen der Randeinfassung;
0,50 m blauweiß gestreifter Stoff;
0,20 m roter Stoff für den Akzentstreifen;
1,70 m x 1,70 m Stoff für die Rückseite;
1,70 m x 1,70 m **dünnes** Vlies (Tischdecke!)

Schneiden

(Nahtzugabe 1,5 cm enthalten)
18 blaue Quadrate
18 cm x 18 cm;
weiße Streifen
3,5 cm;
blaue Streifen
4,5 cm;
18 Quadrate aus dem gemusterten
Stoff 29 cm x 29 cm

Akzentstreifen

6 schmale rote Streifen, 3 cm

Randstreifen

6 blaue Streifen, 14 cm

Randeinfassung

6 weiß-blaue Streifen, 6 cm

Nähen

Technik: Aus 1 mach 2
An die blauen Quadrate im Kettenverfahren zuerst die weißen, dann die blauen Streifen nähen. Nähte nach außen bügeln
Nähfolge siehe Zeichnung.

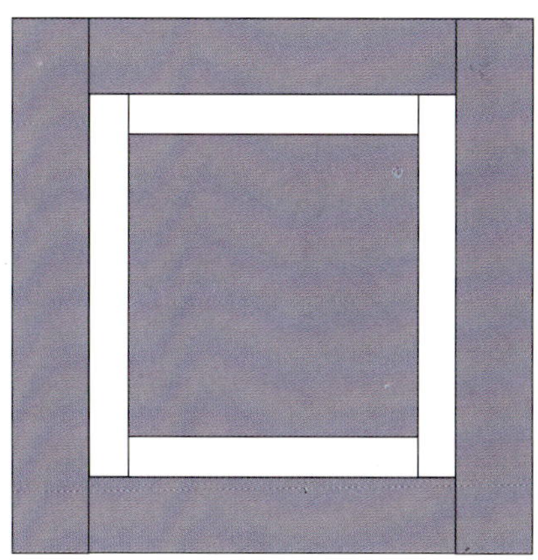

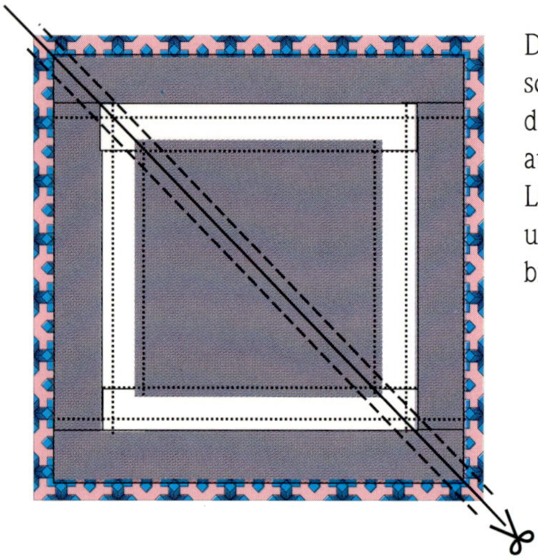

Das Rückseitenquadrat etwas größer schneiden als das fertig genähte Quadrat. Beide Quadrate rechts auf rechts aufeinanderlegen, mit einem langen Lineal die Diagonale markieren. Rechts und links dieser Diagonale nähfüßchenbreit nähen.

Schneiden

Die gezeichnete Diagonale ist die Schnittlinie: Die Quadrate diagonal in zwei Dreiecke schneiden.

Mit dem *Lap Board (Quilter's Rule, Square Block)* Seitenteile korrigieren und den überstehenden Hühnerstoff abschneiden.

Mein Tip:

Die Dreiecke nicht zum Quadrat falten, sondern als Dreieck belassen, dadurch werden statt vier nur zwei Seitenlängen geschnitten.

Quilten

Quadrate und Diagonalen im **Schatten der Naht**, im Randstreifen Zickzacklinien oder ein Muster nach einer **Schablone** quilten.
Zusätzlich die weißen Dreieckstreifen spiegelbildlich zum Quadrat im Hühnerstoff steppen.

Mein Tip:

Das einfache blaue Quadrat im Zentrum des Blockes durch einen gemusterten Stoff ersetzen, das große Quadrat zum Unterlegen gegen einen einfarbigen Stoff austauschen.

Aus 1 mach 2: Aus einem Quadrat entstehen zwei Quadrate

Aus 18 Quadraten ergeben sich 36 Quadrate, die mit dem Licht- und Schatteneffekt (siehe Blockhaus) in vielen Varianten zu arrangieren sind oder nach der Vorlage zusammengesetzt werden.

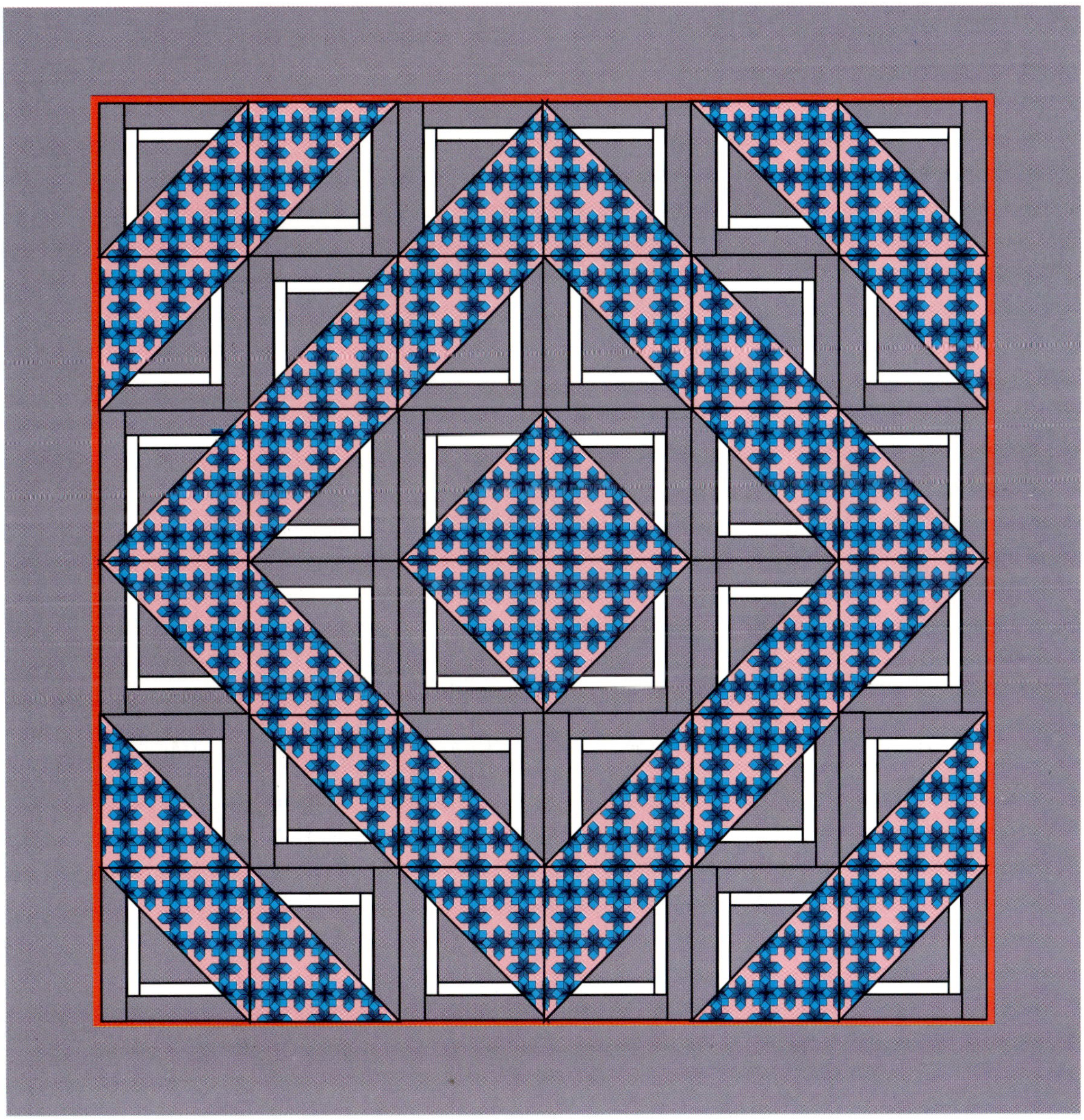

Japanischer Yucata-Quilt

(fertige Größe: 128 cm x 224 cm; 4 x 8 Quadrate)

Ursprünglich wurden die weißblauen Yucatas aus Baumwolle für die japanischen Kimonos der einfachen Leute verwendet, die Reichen trugen nur Seidenkimonos. Heute sind Yucatas unerläßlich für die Verwendung als Sommerkimonos. Auf die weiß-blauen Stoffstreifen sind Motive aus der Natur, religiöse oder lineare Muster gedruckt. Die Yucatas lassen sich durch andere gemusterte oder einfarbige Stoffe austauschen.

Materialliste

3,00 m gemusterter und blauer Stoff;
3,00 m weißer Stoff;
1,40 x 2,30 m Stoff für die Rückseite;
1,40 x 2,30 m Vlies

Ob auf der Gartenbank oder auf dem Sofa: Diese Quilts sind eine Einladung zum Zudecken.

Schneiden

(Nahtzugabe von 1,5 cm enthalten)
8 Streifen – einfarbig blau und gemustert, 15,5 cm;
13 Streifen – einfarbig blau und gemustert, 6,5 cm;
8 Streifen – weiß, 15,5 cm;
13 Streifen – weiß, 6,5 cm

Randstreifen

7 blaue Streifen, 7,5 cm
7 weiße Streifen, 7,5 cm

Randeinfassung

7 weiße Streifen, 6 cm

Nähen

Für einen Rapport die Streifenfolge (Farbfolge abwechseln!) nach Vorlage nähen, die Nähte auf den dunklen Stoff bügeln.

Schneiden

Mit dem *Lap Board* die Quadrate (siehe Zeichnung) bei 26 cm Seitenlänge schneiden, dabei die Matte zum Schneiden unter dem Stoffrapport verschieben.

Mein Tip:

Die Diagonale auf dem Lap Board liegt senkrecht!

13 Quadrate können aus einem Rapport geschnitten werden; bei Bedarf die „Rest"-Dreiecke von den Rändern in der Diagonale zusammennähen und zu Quadraten schneiden.

Den **Rapport** noch einmal **wiederholen.**
Insgesamt werden 4 Quadrate in der Breite und 8 Quadrate in der Länge, das heißt **32 Quadrate,** zugeschnitten. Für die restlichen 6 Quadrate einen halben Rapport nähen und schneiden.

Zusammennähen der Quadrate

Vier Quadrate in der Breite zu acht Reihen aneinanderfügen.
Bügeln der Nähte: Die Nähte der ungeraden Reihen nach rechts bügeln, die Nähte der geraden Reihen nach links bügeln.

Annähen der Randstreifen

Die exakte Länge der Randstreifen zuschneiden, dabei nicht am Rand die Länge messen (alle Quadrate sind schräg geschnitten!), sondern die Länge und Breite an den Nähten abmessen. Die Randstreifen verteilt auf Viertel auf das Quiltoberteil stecken und unter leichter Führung nähen

Mein Tip:

Die größeren Patchworkteile liegen beim Nähen immer unten, der Transporteur (engl. feed dog) „füttert" ohne Faltenbildung den Stoff weiter. Beim Zusammennähen von Reihen bei Bedarf die Arbeit wenden, damit die größeren Patchworkblöcke unten liegen.

Quilten

Im **Schatten der Naht** waagerecht und senkrecht die Quadrate und alle Diagonalen befestigen. Im Randstreifen das Patchworkmuster verlängern, markieren und durch Parallelen ergänzen, quilten.

Noch ein Muster mit der Technik „Aus 1 mach 2“:

Simons Dinosaurier Quilt

Der Quilt mit dem ungewöhnlichen Saurier-Stoff ist gearbeitet wie die Hühnerdecke „Perla und Petunia“. Die Beschreibung finden Sie auf den Seiten 44 bis 47.

Theropoden und Sauropoden tummeln sich auf Simons Quilt.

Quilt von Ruth Leitz

Verenas Quilt

(fertige Größe: 142 cm x 212 cm;
6 x 10 Quadrate)

Sogar einige Streifenreste der Gardine wurden in diesem gelb-weißen Quilt verarbeitet. Kissen, Rückseite des Quilts und Bettwäsche entstanden aus dem gleichen Blümchenmuster.

Materialliste

3,00 m weißer Stoff;
3,00 m gelber Stoff;
1,50 m x 2,30 m Stoff für die Rückseite;
1,50 m x 2,30 m Vlies

Sommerliche Impressionen im Zimmer eines jungen Mädchens

Schneiden

(Nahtzugabe von 1,5 cm enthalten)
weißer Streifen 12,5 cm;
gelber Streifen 7,5 cm

Nähen

(siehe auch Yucata-Quilt)

Für 60 Quadrate
3 Rapporte fertigen.

Vor dem Schneiden der Quadrate die Mitte mit Markierungsrädchen auf den gelben Streifen kennzeichnen.

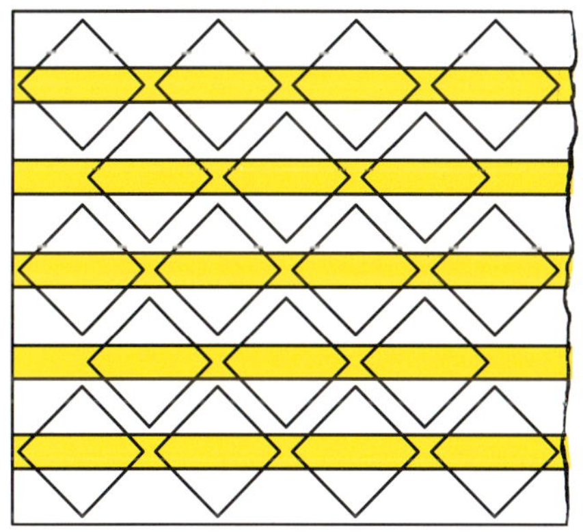

Quilten

Passend zum floralen Rückseitenstoff den gelben Randstreifen **frei steppen** (Stippling).

Paradies-vogel

(fertige Größe: 140 cm x 216 cm; 6 x 10 Quadrate)

Ein gemütliches Plätzchen zum Quilten

Auf der Rückseite des Quilts sind im Blätterwerk des Urwalds viele Paradiesvögel versteckt. Aus dem Deko- und Bettwäschenstofflager bieten sich die Rückseitenstoffe nicht nur wegen der interessanten Muster, sondern auch wegen der für einen Einzelbettquilt ausreichenden Breite an.

Materialliste

(siehe Yucata-Quilt)

Schneiden

Breite weiße Streifen, 13 cm;
breite grüne Streifen, 13 cm;
schmale weiße Streifen, 5 cm;
schmale grüne Streifen, 5 cm;
Die Nähfolge der Streifen entspricht dem Rapport des Yukata-Quilts. Die geschnittenen Quadrate sind kleiner, insgesamt werden 60 (6 x 10) Quadrate zugeschnitten.

Samosas

(fertige Größe: 114 cm x 140 cm)

Samosas sind ein typisches indisches Salzgebäck. Der Duft der verschiedenen Gewürze lockt die Inder auf der Straße zu diesem Imbiß. Die dreieckige Form der Samosas entspricht den Formen des Quilts.
Die aktuellen, rationellen Techniken werden in den U.S.A. entwickelt. Die dazu benötigten Arbeitsgeräte und Bücher basieren nicht auf dem Dezimalsystem, sondern auf dem englischen und nordamerikanischen Längenmaß **Inch**: 1 inch = 2,54 cm.
Um diese Arbeitsmittel einsetzen zu können, muß jeder, der mit aktuellen Techniken arbeitet, auch mit den

Inch-Längenmaßen vertraut sein. Die Zuschneidelineale sind mit Inch-Einheiten erhältlich. Zum Zuschneiden werden jeweils 1/4″ (″ bedeutet Inch) Naht zugegeben, d.h. insgesamt 1/2 ″ Nahtzugabe.
Zum Nähen der 1/4″-Nahtzugabe haben einige Nähmaschinenhersteller Nähfuße entwickelt, die exakt 1/4″ Nahtbreite abnähen.

Der **Samosas-Quilt** wird mit dem *Easy Angle**-Dreieck zugeschnitten.

Materialliste

für Wandquilt oder Kniedecke
1,50 m weißen „Hintergrund"-Stoff (Randstreifen mitgerechnet);
12 verschiedene blau gemusterte Stoffe à 0,15 m für die dunklen Dreiecke;
0,50 m einfarbigen blauen Stoff für den äußeren Randstreifen;
0,40 m Kontraststoff für die Randeinfassung, z.B. rot;
1,20 m x 1,60 m Stoff für die Rückseite;
1,20 m x 1,60 m Vlies

Schneiden

(Alle Maße enthalten 2 x 1/4″ Nahtzugabe, d. h. insgesamt 1/2″);
12 blaue Streifen 4 1/2″
12 weiße Streifen 4 1/2″
(Bei breiteren Stoffen weniger Streifen schneiden!)

Randstreifen

5 weiße Streifen 4 1/2″
5 blaue Streifen 3″

Randeinfassung

5 rote Streifen 2 1/2″

* Easy Angle von Sharon Hultgren, EZ-Quilting / 95 Mayhill Str. Saddle Brook, NJ 07662

Schneiden der *Easy Angle*-Dreiecke

Einen weißen und einen blauen Streifen rechts auf rechts exakt aufeinander legen.

1. Das *Easy Angle*-Dreieck an der linken Kante im rechten Winkel anlegen (*EASY ANGLE* ist gut zu lesen!), entlang der Diagonale schneiden.

2. *Easy Angle*-Dreieck um die Spiegelachse (Diagonale) kippen, dann exakt an der Kante anlegen; entlang der rechten Dreieck-Seite schneiden.

Schritt 1 und 2 wiederholen.

Für den **Samosas-Quilt** werden die Dreiecke aus dem 4 1/2″ breiten Streifen mit der gesamten *Easy Angle*-Dreieckgröße geschnitten.

Tip zum Schneiden weiterer Größen:

1. Für ein 3´´-Quadrat die Streifen 3 1/2´´ breit schneiden, für die „Kerbe" das EA-Dreieck an die linke Ecke schieben, bis 3 1/2´´ (= Streifenbreite) entlang der Diagonale zu lesen ist.

2. *Easy Angle*-Dreieck über die Diagonale kippen, entlang der rechten Dreiecksseite schneiden.

1 und 2. wiederholen.

Nähen

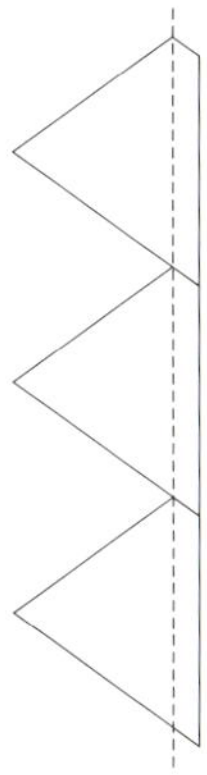

Im Ketten- oder Fahnennähverfahren werden die Dreiecke an der Diagonale mit exakter 1/4´´-Nahtzugabe genäht.

Mein Tip:

Wenn Sie keinen Inch-Nähfuß besitzen, können Sie einfach einen Kreppstreifen 1/4´´ rechts von der Nähmaschinennadel auf die Stichplatte kleben.

Dreieck für Dreieck mit 1/4´´ Nahtzugabe zusammennähen, dabei immer die Kerbe zuerst oben anfügen (s. Zeichnung). Die Nähte auf den dunklen Stoff bügeln.

Insgesamt entstehen 96 Quadrate, die nach folgendem Muster zusammengesetzt werden:

1 Halbquadrat
4 Halbquadrate › 1 Block
4 Blöcke › 1 großer Block
Insgesamt 6 große Blöcke (s. Seite 58)

Nähen

Die Quadrate in Reihen aneinandernähen, insgesamt sind es 12 Reihen.

Bügeln

Die Nähte der ungeraden Reihen nach rechts, die Nähte der geraden Reihen nach links bügeln.
Beim **Zusammenfügen** der Reihen die in die entgegengesetzten Richtungen gebügelten Nähte genau aufeinanderstecken.
Um den fertigen Musterblock den weißen und blauen Randstreifen ansetzen.

Quilten

Im **Schatten der Naht** die Konturen des Musters betonen.
In die weißen Quadrate **Sterne** (s. Vorlage Seite 70) quilten.
Auf dem weißen Randstreifen ein **Mäandermuster** (s. Vorlage Seite 71) steppen.

Mein Tip:

Vor dem Nadeln des Quilts alle dunklen Fäden abschneiden, diese scheinen durch den weißen Stoff.

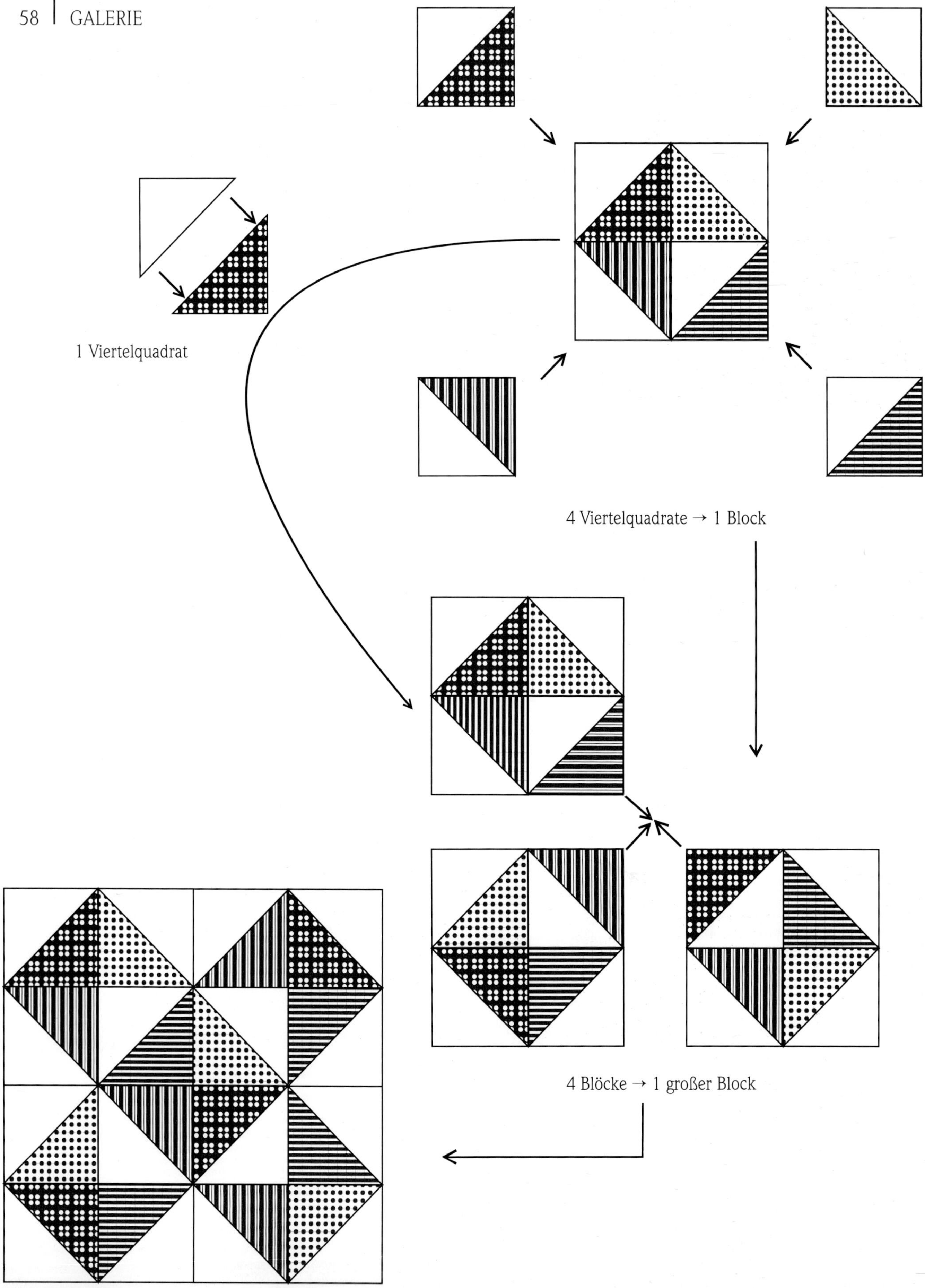
1 Viertelquadrat
4 Viertelquadrate → 1 Block
4 Blöcke → 1 großer Block

Nikolaus-stiefel

Die Nikolausstiefel werden in **Crazy-Technik** genäht.
Die Crazy-Technik ist eines der ältesten Patchworkmuster, jedes kleinste Stoffrestchen kann verwendet werden. Auf einen Untergrundstoff werden, beginnend in einer Ecke, im Fächerverfahren verschiedene unregelmäßige Stoffteile rechts auf rechts nähfußbreit genäht. Das zuletzt genähte Stoffstückchen wird umgeschlagen gebügelt. Das nächste Teil wird rechts auf rechts aufgelegt, bis die gesamte Unterlage bedeckt ist.

Materialliste

(Stiefel 45 cm hoch)
Viele verschiedene Reste aus Weihnachtsstoffen;
0,30 m Stoff für die Rückseite des Stiefels;
0,30 m Vlies;
0,30 m Stoff für den Innenstiefel

Laßt uns froh und munter sein ...

Schneiden

Vorlage von Seite 71 aufs gewünschte Maß vergrößern (Kopierer)
1 Stiefelrückseite;
2 x Innenstiefel;
2 x Vlies;
1 Streifen (14 cm breit) für Randeinfassung;
1 Streifen 20 cm x 7 cm für Schlaufe

Nähen

An der Kuppe beginnend die Streifenreste zur Ferse hin auf das Vlies nähen. Mit der Schablone nochmals die überstehenden Kanten des Stiefels nachschneiden.
Die beiden Stiefelteile mit Vlies (rechts auf rechts gesteckt) und die beiden Innenstiefel zusammennähen. Den Innenstiefel in den Patchworkstiefel hineinschieben.
Den Randstreifen links auf links bügeln und am oberen Rand des Stiefels befestigen, dabei die Schlaufe mitfassen.

Tannenbaum

(fertige Größe: 61 cm x 61 cm = 24˝ x 24˝)

Der Weihnachtsbaumquilt* wird mit dem Easy Angle-Dreieck (siehe Samosas-Quilt) zugeschnitten. Die Streifen sind 3,5˝ breit. Tannenbäume in allen Größen lassen sich mit diesem Dreieck exakt und effizient herstellen.
Der Weihnachtsbaum schmückt eine Eingangstür oder dekoriert das Weihnachtszimmer.

* Siehe auch Sharon Hultgren: White House Christmas Tree made with new Easy Ange™, EZ International, 95 Mayhill St., Saddle, Brook, NJ 07662

O Tannenbaum, o Tannenbaum,
wie grün sind deine Blätter . . .

Materialliste

0,20 m Stoff für den Baum;
0,20 m Stoff für den Hintergrund;
0,30 m Stoff für die Randstreifen (z.B. grün);
0,15 m Kontraststreifen (z.B. goldfarben);
0,30 m Stoff für die Randeinfassung
0,70 m x 0,70 m Stoff für die Rückseite;
0,70 m x 0,70 m Vlies;
goldfarbener Metallfaden zum Maschinenquilten

Schneiden

(Alle Maße enthalten 1/2´´ Nahtzugabe)
2 Streifen „Baumstoff", 3,5´´;
2 Streifen Hintergrundstoff, 3,5´´;

Randstreifen

5 grüne Streifen, 2´´;
4 goldfarbene Streifen, 1´´

Randeinfassung

4 Streifen, 2,5´´

Zum Schneiden mit dem Easy Angle-Dreieck (EA) die beiden Baumstreifen und die Hintergrundstreifen rechts auf rechts aufeinanderlegen, um rechte und linke Teile zu erhalten.

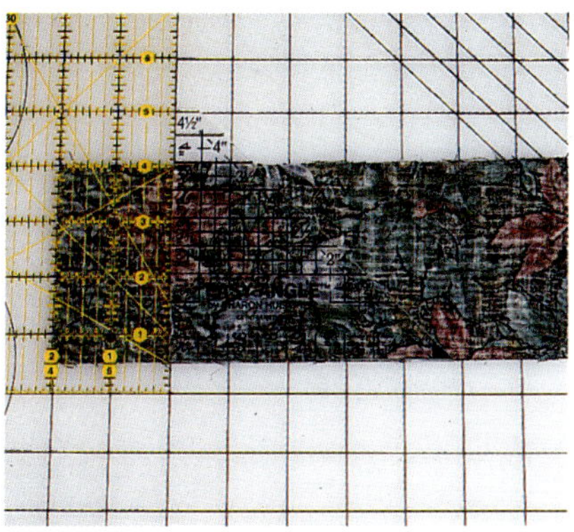

Schneideplan

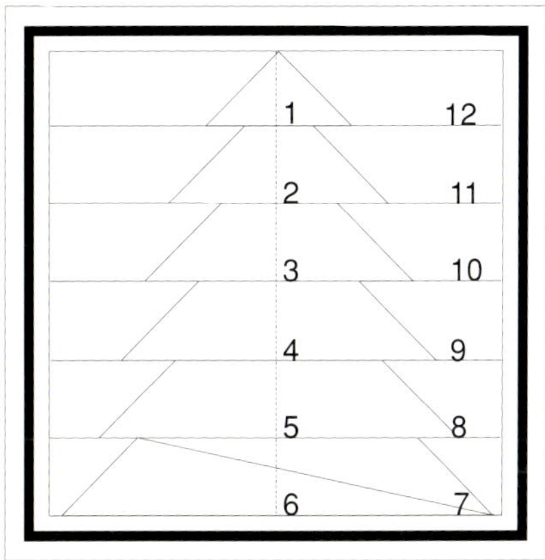

Nähen

Im Kettenverfahren (1/4´´ Nahtzugabe beachten!) die Hintergrundteile an die jeweils passenden Baumteile von oben nach unten (Reihe 1 bis 6) nähen.
In der Mitte zusammenfügen und dann reihenweise aneinandernähen.
Die Nähte zum Baumstoff bügeln.
Die Randstreifen (grün und gold) erst oben und unten, dann rechts und links anfügen.

Quilten

Die Konturen des Baumes mit dem Goldfaden im Schatten der Naht sowie nähfußbreit daneben auf dem Hintergrundstoff quilten.

Schneideplan für den Baum

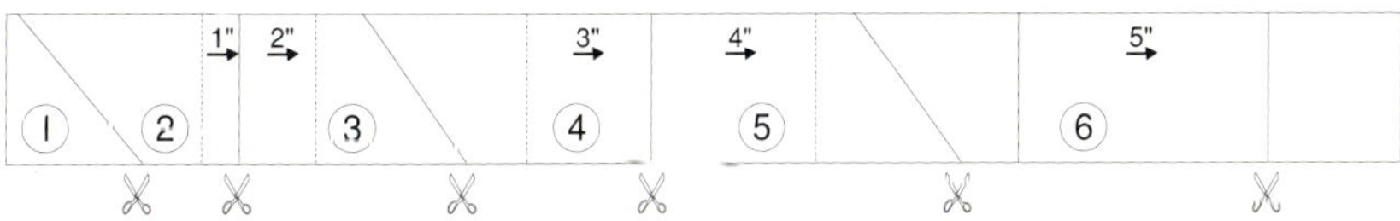

① EA mit Kerbe bei $3^1/_2$´´ schneiden (siehe Samosas-Quilt – Schneiden der Easy Angle-Dreiecke)
② EA über die Diagonale kippen, an der **oberen** Stoffkante anlegen, um 1´´ verlängern, schneiden
③ EA an der **unteren** Stoffkante anlegen, um 2´´ nach rechts schieben, schneiden
④ EA über die Diagonale kippen, an der **oberen** Stoffkante anlegen, um 3´´ verlängern, schneiden
⑤ EA an der **unteren** Stoffkante anlegen, um 4´´ verlängern, nach rechts schieben, schneiden
⑥ EA über die Diagonale kippen, an der **oberen** Stoffkante anlegen, um 5´´ verlängern, schneiden

Schneideplan für den Hintergrund

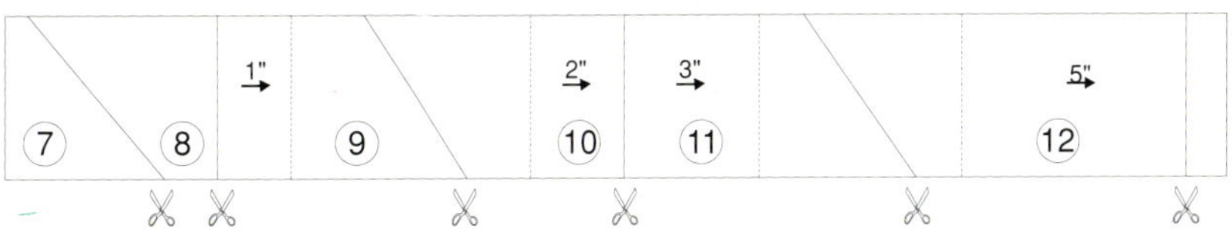

⑦ EA bei $3^1/_2$´´ schneiden (siehe ①)
⑧ EA über die Diagonale kippen, an der **oberen** Stoffkante anlegen, schneiden
⑨ EA an der **unteren** Stoffkante anlegen, um 1´´ nach rechts schieben, schneiden
⑩ EA an der **oberen** Stoffkante anlegen, um 2´´ nach rechts verlängern, schneiden
⑪ EA an der **unteren** Stoffkante anlegen, um 3´´ verlängern, nach rechts schieben, schneiden
⑫ EA an der **oberen** Stoffkante anlegen, um 5´´ nach rechts verlängern, schneiden

Weihnachts-decke

in Connector-Technik (s. Seite 31ff)
(fertige Größe: 164 cm x 14 cm)

Die Sterne funkeln auf diesem Weihnachtstisch

Dieser exklusive Weihnachtsquilt mit Sternenmuster ist ganz einfach nach der ab Seite 31ff beschriebenen Connectortechnik nachzuarbeiten. Die blauen Connector-Ecken werden dabei an längliche Rechtecke aus schwarzem Chintz angesetzt. In Verbindung mit großen Quadraten aus gemusterten, schwarzen Stoffen und kleineren blauen Quadraten ergeben sich die dekorativen Sterne. Dieser Quilt soll als Beispiel für die vielfältigen Möglichkeiten dieser Technik dienen und Sie zu eigenen Experimenten anregen.

Schlußwort

Quilts passen nicht nur in ein Landhaus, sondern auch in eine moderne Wohnung. Sie dienen als Kuscheldecke auf dem Sofa, liegen als Dekoration über einem Schaukelstuhl und hängen als textile Wandbilder an der Wand.

Ich unterscheide zwischen **Gebrauchsquilts** und **Wandquilts**.
Alle Quilts, die strapaziert werden, werden mit der Maschine gequiltet, damit sie fest und haltbar sind.
In diesem Buch habe ich versucht zu zeigen, wie Sie sich neben Ihren alltäglichen Belastungen an eigene Patchworkquilts herantrauen können. Ich kann Ihnen versichern – und Sie werden es bald selbst feststellen: Es macht Riesenspaß!

Informationen und Kontakte

In der Patchwork Gilde haben sich die deutschen Freunde des Patchwork-Quiltings zusammengeschlossen. Die Gilde gibt viermal jährlich ihre Mitgliederzeitschrift heraus, in der sich zahlreiche Anregungen für die eigene Arbeit und viele farbige Abbildungen fertiger Quilts finden.
Patchwork Gilde Büro
Oktaviostraße 1a
22043 Hamburg
Telefon: 040/6570452

Viermal jährlich erscheint auch die Mitgliederzeitschrift der Schweizer Quilterinnen und Quilter, die in der Vereinigung PatCHquilt organisiert sind:
PatCHquilt
Vereinigung Schweizer Quilter
Postfach 55
CH-8024 Zürich
Schweiz

Auch in Österreich erscheint eine eigene Zeitschrift für alle, die sich mit Patchwork und Quilting beschäftigen:
Patchwork- und Quiltjournal
Gabriele Maier
Moßbachergasse 4/4/16
A-1140 Wien
Österreich
Telefon (von Deutschland aus):
0043/1/9111653

Bezugsquellen

Die Materialien für das Patchwork-Quilting erhalten Sie in Handarbeits- und Bastelgeschäften, Kurzwarenabteilungen, Stoffhäusern und den immer zahlreicher werdenden Spezialgeschäften für Patchworkbedarf. Sollten Sie kein solches Geschäft in Ihrer Nähe haben oder die gewünschten Artikel nicht finden, können Sie sich an eine der folgenden Adressen weden:

Quilt Shop Ruth Leitz
Georg-Kolbe-Weg 15
25451 Quickborn-Heide
Telefon: 04106/1380

Alles für Patchwork & Quilts
Yolande Machemer
65812 Bad Soden a. TS
Telefon: 06196/61192

Quilts & Textiles
Sybille von Morozowicz
Hohenzollernstr. 61b
80796 München
Telefon: 089/2780208

Patchworkladen Irmgard Stängl
Bothmerstr. 14
80634 München
Telefon: 089/168160

Schneiderei-Bedarf Christine Korner
Rosenaustr. 31
86150 Augsburg
Telefon: 0821/526154

Literaturhinweise

Schnuppe von Gwinner
Die Geschichte der Patchworkquilts. Ursprünge, Traditionen und Symbolik einer Textilen Kunst,
München 1987

Susan Denton and Barbara Macey
Quiltmaking, Melbourne Australia 1987

Michele Walker
Das Quiltbuch, Design, Modelle, Anleitungen, Ravensburg 1986

Jinny Beyer
Color Confidence For Quilters, United States of America 1992

Harriet Hargrave
Heirloom Machine Quilting, A Comprehensive Guide To Hand-Quilted Effects Using Your Sewing Machine, Lafayette CA 1990

Robert Bishon und Elisabeth Safanda
A Gallery of Amish Quilts, Design Diversity From A Plain People, New York 1976

Merle Good
Who Are the Amish? Pennsylvania 1985

Bernd G. Längin
Die Amischen; Vom Geheimnis des einfachen Lebens, Austria 1990

Mary Ellen Hopkins
The It's Okay If You Sit On My Quilt Book, Santa Monica, CA 1989

Johannes Itten
Kunst der Farbe; Subjektives Erleben und objektives Erkennen als Wege zur Kunst, Ravensburg 1961
Johannes Itten:
Der Farbstern, Zürich 1985

Barbara von Roemer
Patchwork und Quilts; Ein praktischer Lehrgang für kreatives Gestalten mit vielen Entwürfen, Beispielen, Anregungen und 250 Bildern,Bern und Stuttgart 1982

Almuth Schröder
Quilts: Gebrauchsgegenstand – Wohntextile – Kunstobjekt,
Zur Etymologie des Wortes „Quilt“;
Die Quilting-Muster in ihrer unterschiedlichen Ausprägung.
Das Bußkleid der heiligen Elisabeth - ein mittelalterliches Dokument für die Existenz de quilting-Technik in Deutschland in: Textilarbeit und Unterricht, Heft 1, Februar 1987

Pat Cody
Continuous Line Quilting; Especially for Machine Quilting, Radnor, Pennsylvania 1984

Die Autorin

Dörte Bachs Weg zum Quilten ist fast »traditionell« zu nennen: Mit einem Studium im Schwerpunktfach Kunsterziehung und in Deutsch und Englisch gibt sie in München Unterricht an einer Grundschule, bis sie sich 1981 für einen dreijährigen Aufenthalt an der Seite ihres Mannes in Kanada beurlauben läßt. Die Entdeckung eines Patchworkgeschäftes in einem Einkaufszentrum in Calgary mit schönen Stoffen und all dem Arbeitsmaterial nimmt sie so gefangen, daß sie einen Grundkurs belegt. Nach kurzer Zeit schon wird klar: „Das und nichts anderes möchte ich machen!"

Halbe Sachen sind nicht ihre Art, und so stürzt sie sich mit ganzem Elan in die Arbeit, lernt bei den Besten des Fachs und macht sich mit alten und modernen Techniken des Quiltens vertraut. Zurück in München und erfüllt von Eindrücken und Wissen geht sie daran, das hiesige Patchwork-Image zu entstauben, arbeitet in Gruppen, gibt Kurse und veranstaltet Seminare mit Quiltkünstlern aus der ganzen Welt.

Die entstandenen eigenen Arbeiten sind seit 1988 auf einer langen Reihe nationaler und internationaler Ausstellungen zu sehen. Über die einzigartige Verbindung von Hobby und Beruf ist Dörte Bach, Mutter zweier Kinder, besonders glücklich.

Die Deutsche Bibliothek – CIP-Einheitsaufnahme
Patchwork – Quilting leicht und schnell;
rationell zuschneiden ; moderne Nähtechniken / Dörte Bach. – Augsburg : Augustus-Verlag, 1995
ISBN 3-8043-0282-3

Fotografie: Klaus Lipa, Augsburg
Das Foto von Jan Baldwin auf Seite 11 stammt aus dem Buch Traditionell Neeolle Arts Patchwork von Diana Lodge, Reed International Books Ltd., London 1994.
Lektorat: Helene Weinold
Umschlaggestaltung: Christa Manner, München
Layout: Anton Walter, Gundelfingen

Autorin und Verlag danken Andrea Prechtel, München, für ihre Unterstützung bei den Fotoaufnahmen.

Augustus Verlag Augsburg 1995

Satz: Gesetzt aus 10 Punkt Weidemann Book bei Walter Werbegrafik, Gundelfingen
Reproduktion: Color-Line, I-Verona
Druck und Bindung: Appl Wemding
Gedruckt auf 120 g umweltfreundlich elementar chlorfrei gebleichtem Papier.

ISBN 3-8043-0282-3

Printed in Germany

Quiltmuster »Stern« für den Samosas-Quilt (S. 55 ff) in Originalgröße
_________ Quiltstiche
. . . . Nähte der Patchworkblocks

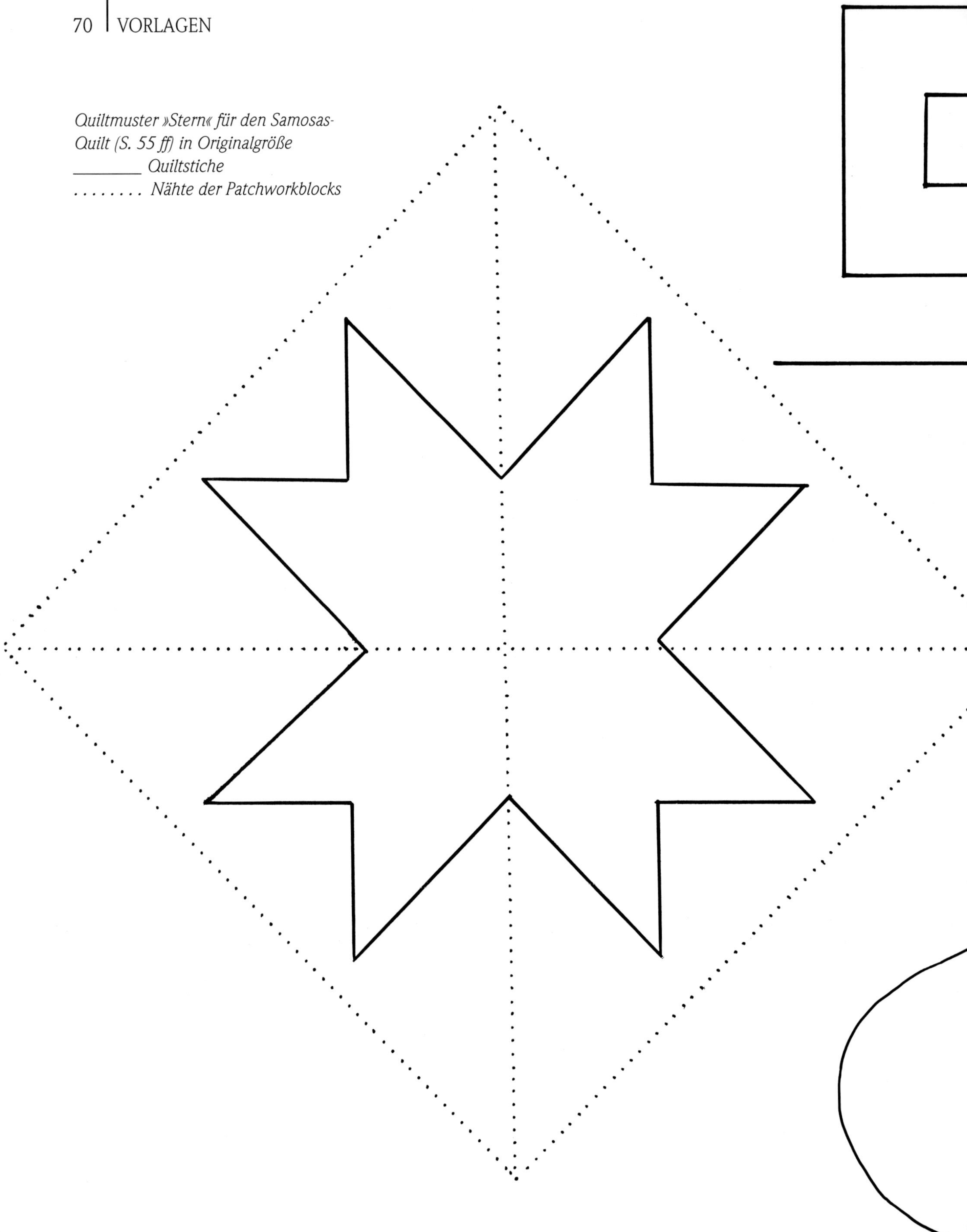

Quiltmuster für den Rand des Samosas-Quilt (S. 55 ff) in Originalgröße

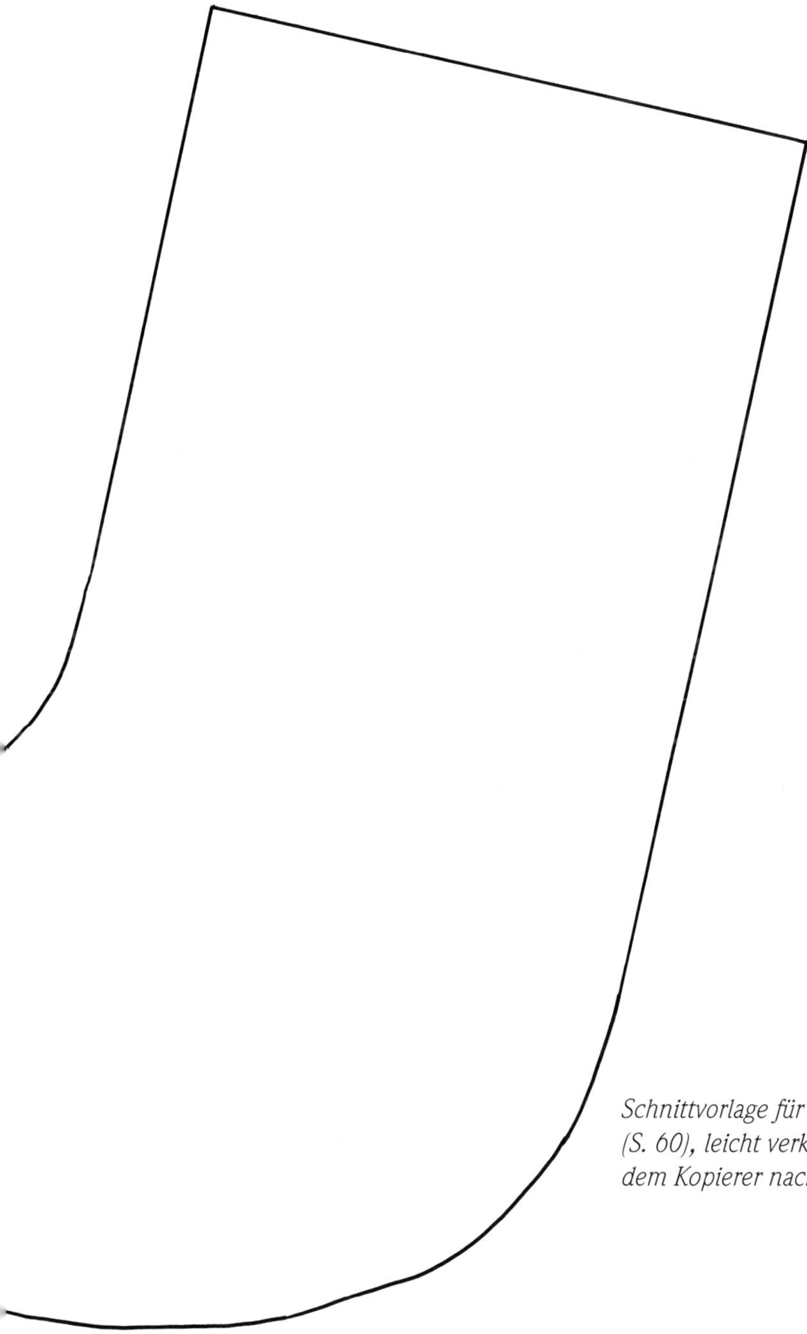

Schnittvorlage für den Nikolausstiefel (S. 60), leicht verkleinert. Vorlage mit dem Kopierer nach Wunsch vergrößern.